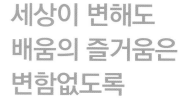

세상이 변해도
배움의 즐거움은
변함없도록

시대는 빠르게 변해도
배움의 즐거움은
변함없어야 하기에

어제의 비상은
남다른 교재부터
결이 다른 콘텐츠
전에 없던 교육 플랫폼까지

변함없는 혁신으로
교육 문화 환경의 새로운 전형을
실현해왔습니다.

비상은 오늘, 다시 한번
새로운 교육 문화 환경을 실현하기 위한
또 하나의 혁신을 시작합니다.

오늘의 내가 어제의 나를 초월하고
오늘의 교육이 어제의 교육을 초월하여
배움의 즐거움을 지속하는 혁신,

바로, 메타인지 기반 완전 학습을.

상상을 실현하는 교육 문화 기업 비상

메타인지 기반 완전 학습
초월을 뜻하는 meta와 생각을 뜻하는 인지가 결합한 메타인지는
자신이 알고 모르는 것을 스스로 구분하고 학습계획을 세우도록 하는
궁극의 학습 능력입니다. 비상의 메타인지 기반 완전 학습 시스템은
잠들어 있는 메타인지를 깨워 공부를 100% 내 것으로 만들도록 합니다.

4주 완성
1-1 공부 계획표

계획표대로 공부하면 4주 만에 한 학기 내용을 완성할 수 있습니다. 4주 완성에 도전해 보세요.

1주

1. 9까지의 수

1강 6~11쪽	2강 12~15쪽	3강 16~19쪽	4강 20~23쪽	5강 24~29쪽
확인 ☑	확인 ☑	확인 ☑	확인 ☑	확인 ☑

2주

2. 여러 가지 모양 / 3. 덧셈과 뺄셈

6강 30~37쪽	7강 38~43쪽	8강 44~49쪽	9강 50~53쪽	10강 54~57쪽
확인 ☑	확인 ☑	확인 ☑	확인 ☑	확인 ☑

3주

3. 덧셈과 뺄셈 / 4. 비교하기

11강 58~63쪽	12강 64~69쪽	13강 70~75쪽	14강 76~79쪽	15강 80~85쪽
확인 ☑	확인 ☑	확인 ☑	확인 ☑	확인 ☑

4주

5. 50까지의 수

16강 86~91쪽	17강 92~95쪽	18강 96~99쪽	19강 100~103쪽	20강 104~108쪽
확인 ☑	확인 ☑	확인 ☑	확인 ☑	확인 ☑

4주 완성 도전!

교과서 개념 잡기

초등 수학

1·1

교과서 개념

2 십몇을 알아볼까요

1 규민이와 리효가 딴 딸기의 수를 세어 봅시다.

❶ 교과서 활동으로
개념을 쉽게 이해해요.

(1) 딸기의 수만큼 ○를 그려 보세요.

(2) 딸기의 수를 알아보세요.

> 딸기는 10개씩 묶음 1개와 낱개 ☐개입니다.
>
> ⇨ 딸기의 수는 (10 , 13)입니다.

❷ 한눈에 쏙!
개념을 완벽하게
정리해요.

· 10개씩 묶음 1개와 낱개 3개를 13이라고 합니다.
· 13은 **십삼** 또는 **열셋**이라고 읽습니다.

2 감과 사과의 수를 비교하려고 합니다. 알맞은 말에 ○표 해 봅시다.

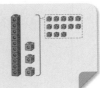

● 10개씩 묶음이
● 1개로 같습니다.

12

18

(1) 🍅은 🍎보다 (많습니다 , 적습니다). ⇨ 12는 18보다 (큽니다 , 작습니다).

(2) 🍎는 🍅보다 (많습니다 , 적습니다). ⇨ 18은 12보다 (큽니다 , 작습니다).

수학 익힘 문제 학습

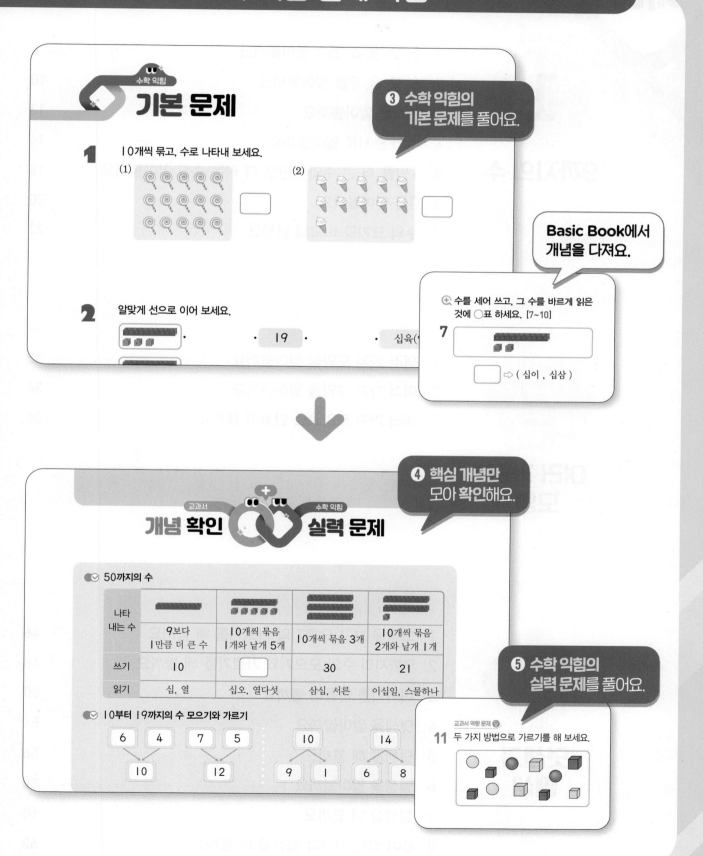

수학 익힘
기본 문제

❸ 수학 익힘의 기본 문제를 풀어요.

1 10개씩 묶고, 수로 나타내 보세요.

(1)

(2)

2 알맞게 선으로 이어 보세요.

· 19 ·

· 십육(

Basic Book에서 개념을 다져요.

🔍 수를 세어 쓰고, 그 수를 바르게 읽은 것에 ◯표 하세요. [7~10]

7

⇨ (십이 , 십삼)

개념 확인 실력 문제

교과서 수학 익힘

❹ 핵심 개념만 모아 확인해요.

⏱ **50까지의 수**

나타내는 수				
	9보다 1만큼 더 큰 수	10개씩 묶음 1개와 낱개 5개	10개씩 묶음 3개	10개씩 묶음 2개와 낱개 1개
쓰기	10		30	21
읽기	십, 열	십오, 열다섯	삼십, 서른	이십일, 스물하나

⏱ **10부터 19까지의 수 모으기와 가르기**

| 6 | 4 | 7 | 5 | | 10 | | 14 |

| 10 | | 12 | | 9 | 1 | 6 | 8 |

❺ 수학 익힘의 실력 문제를 풀어요.

교과서 역량 문제 ✪
11 두 가지 방법으로 가르기를 해 보세요.

차례

기본 문제

1 수를 세어 알맞은 수에 ◯표 하세요.

(1)

| 1 | 2 | 3 | 4 | 5 |

(2)

| 1 | 2 | 3 | 4 | 5 |

2 수를 세어 ☐ 안에 알맞은 수를 써넣고, 바르게 읽은 것을 찾아 선으로 이어 보세요.

  `2` ·　　　　　·　하나(일)

  `　` ·　　　　　·　다섯(오)

  `　` ·　　　　　·　둘(이)

3 수만큼 색칠해 보세요.

(1) `4`

(2) `2`
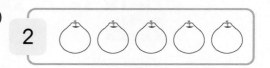

Basic Book 2쪽

6, 7, 8, 9를 알아볼까요

		쓰기	읽기
🍰🍰🍰🍰🍰🍰	●●●●●● ●	①↓6	여섯 또는 육
🍩🍩🍩🍩🍩🍩🍩	●●●●● ●●	①↓7②	일곱 또는 칠
🥐🥐🥐🥐🥐🥐🥐🥐	●●●●● ●●●	8①	여덟 또는 팔
🥪🥪🥪🥪🥪🥪🥪🥪🥪	●●●●● ●●●●	9①	아홉 또는 구

1 수를 세어 바르게 읽은 것에 ◯표 해 봅시다.

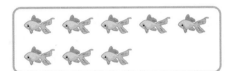

(여섯 , 일곱 , 여덟 , 아홉)

2 동물의 수만큼 ◯를 그리고, ◯ 안에 알맞은 수를 써 봅시다.

(1)
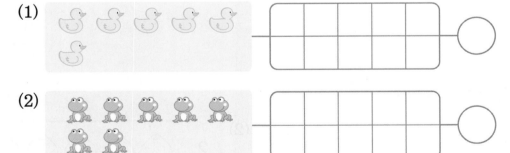

(2)

(3)
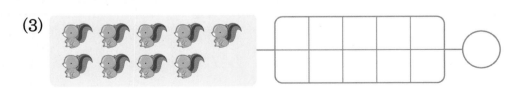

1 수를 세어 알맞은 수에 ◯표 하세요.

(1)
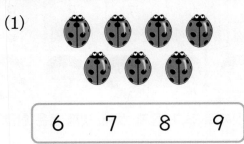

| 6 | 7 | 8 | 9 |

(2)

| 6 | 7 | 8 | 9 |

2 수를 세어 ☐ 안에 알맞은 수를 써넣고, 바르게 읽은 것을 찾아 선으로 이어 보세요.

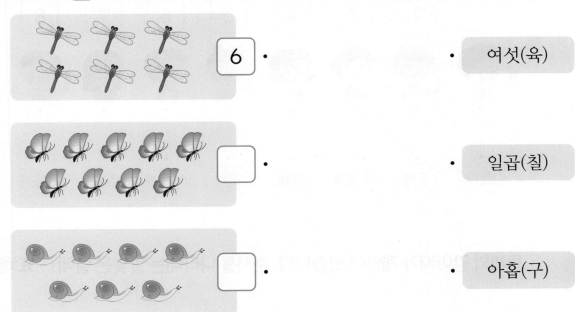

6 ·

· 여섯(육)

☐ ·

· 일곱(칠)

☐ ·

· 아홉(구)

3 수만큼 색칠해 보세요.

8

Basic
Book
3쪽

3 순서를 알아볼까요

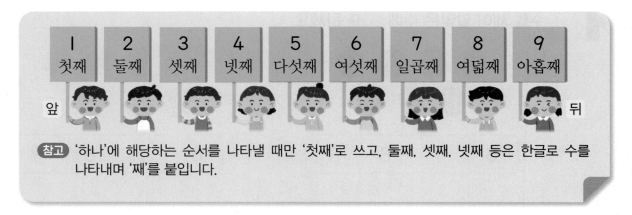

1	2	3	4	5	6	7	8	9
첫째	둘째	셋째	넷째	다섯째	여섯째	일곱째	여덟째	아홉째

앞 ... 뒤

참고 '하나'에 해당하는 순서를 나타낼 때만 '첫째'로 쓰고, 둘째, 셋째, 넷째 등은 한글로 수를 나타내며 '째'를 붙입니다.

1 친구들이 서 있는 순서에 알맞게 선으로 이어 봅시다.

| 1 | 2 | 3 | 4 | 5 | 6 | 7 | 8 | 9 |

앞 ... 뒤

첫째 · 셋째 · 다섯째 · 둘째 · 넷째 · 여섯째 · 일곱째 · 아홉째 · 여덟째

2 토끼와 강아지가 계단에 있습니다. 순서를 나타내는 알맞은 말에 ◯표 해 봅시다.

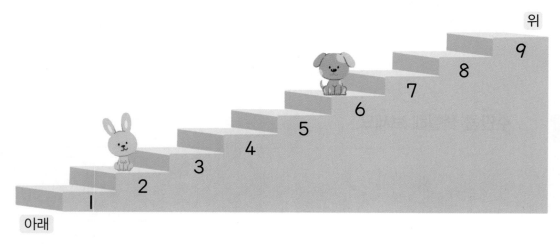

위

아래

(1) 토끼는 아래에서 (둘째 , 여덟째) 계단에 있습니다.

(2) 강아지는 위에서 (여섯째 , 넷째) 계단에 있습니다.

기본 문제

1 순서에 알맞게 선으로 이어 보세요.

6   I   4   9

첫째

2 알맞게 선으로 이어 보세요.

위에서 셋째 ·

아래에서 넷째 ·

위

아래

3 보기 와 같이 색칠해 보세요.

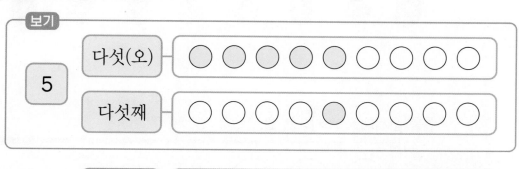

보기

5 다섯(오) ○ ○ ○ ○ ○ ○ ○ ○ ○

다섯째 ○ ○ ○ ○ ○ ○ ○ ○ ○

7 일곱(칠) ♡ ♡ ♡ ♡ ♡ ♡ ♡ ♡ ♡

일곱째 ♡ ♡ ♡ ♡ ♡ ♡ ♡ ♡ ♡

보충해 봐!
Basic
Book
4쪽

수의 순서를 알아볼까요

1 순서대로 수 밟기 놀이를 하고 있습니다. 수의 순서를 알아봅시다.

(1) 진우가 1부터 9까지의 수를 순서대로 밟았습니다. 빈칸에 알맞은 수를 써 넣으세요.

1 — 2 — 3 — 4 — 5 — 6

(2) 소희가 9부터 1까지의 수를 거꾸로 세며 밟았습니다. 빈칸에 알맞은 수를 써 넣으세요.

9 — 8 — 7 — 6 — 5 — 4

수를 순서대로 쓰기: 1, 2, 3, 4, 5, 6, 7, 8, 9

1 2 3 4 5 6 7 8 9

순서를 거꾸로 하여 쓰기: 9, 8, 7, 6, 5, 4, 3, 2, 1

기본 문제

1 수를 순서대로 선으로 이어 보세요.

(1)
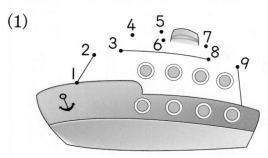

(2)
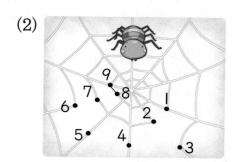

2 순서대로 수를 써 보세요.

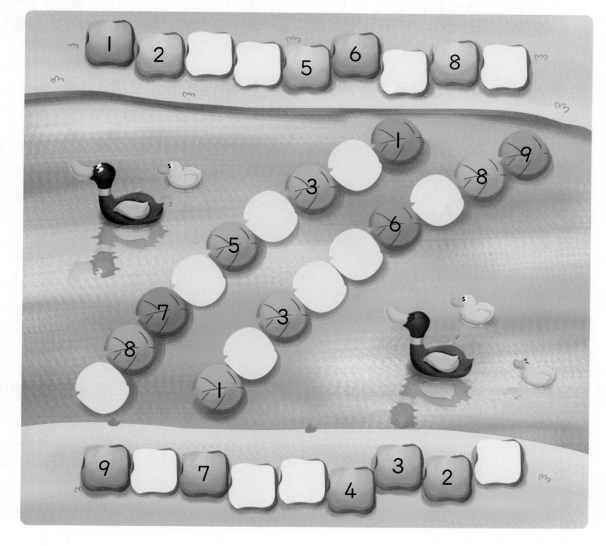

보충해 봐!
Basic Book
5쪽

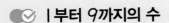
✓ l 부터 9까지의 수

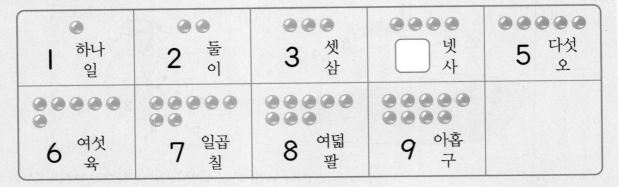

✓ 순서 알아보기

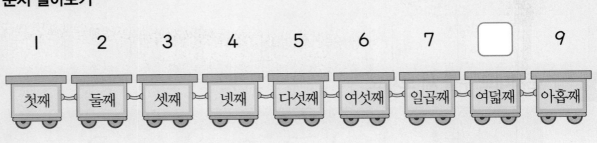

1 수를 세어 ☐ 안에 알맞은 수를 써넣으세요.

3 수만큼 묶어 보세요.

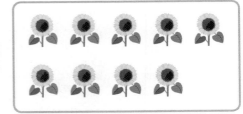

2 수를 바르게 읽은 것을 모두 찾아 ○표 하세요.

| 2 | 둘 넷 이 |

4 나타내는 수가 다른 하나를 찾아 ✕표 하세요.

| 다섯 여덟 5 오 |

1 단원

3 강

5 보기 와 같이 색칠해 보세요.

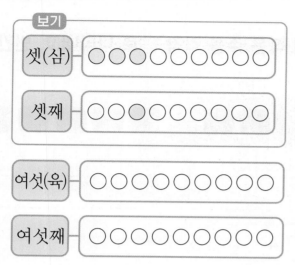

8 수를 순서대로 선으로 이어 보세요.

9 위에서 둘째인 새에 ○표 하고, 아래에서 넷째인 새에 △표 하세요.

🔍 **그림을 보고 물음에 답하세요. [6~7]**

6 순서에 알맞게 ○ 안에 수를 써넣으세요.

7 책의 그림을 보고 알맞게 선으로 이어 보세요.

| 오른쪽에서 넷째 | 왼쪽에서 여덟째 | 오른쪽에서 여섯째 |

교과서 역량 문제 💡

10 보기 의 순서에 맞게 ▢ 안에 수를 써넣으세요.

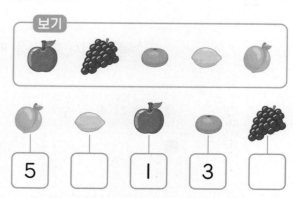

➕ 사과는 왼쪽에서 첫째에 있으므로 Ⅰ입니다.

1만큼 더 큰 수와
1만큼 더 작은 수를 알아볼까요

1 4보다 1만큼 더 큰 수와 1만큼 더 작은 수를 각각 ○로 나타내고, 빈칸에
알맞은 수를 써 봅시다.

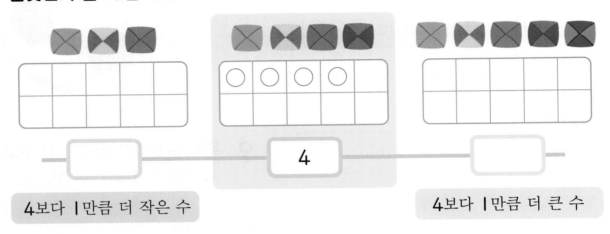

4보다 1만큼 더 작은 수　　　　　　　　　4보다 1만큼 더 큰 수

2 연결모형으로 1만큼 더 큰 수와 1만큼 더 작은 수를 알아보려고 합니다.
□ 안에 알맞은 수를 써넣고, 알맞은 수에 ○표 해 봅시다.

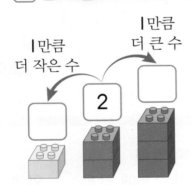

3은 (2 , 4)보다 1만큼 더 큰 수입니다.

수를 순서대로 썼을 때 바로 뒤의 수가 1만큼 더 큰 수,
　　　　　　　　　바로 앞의 수가 1만큼 더 작은 수입니다.

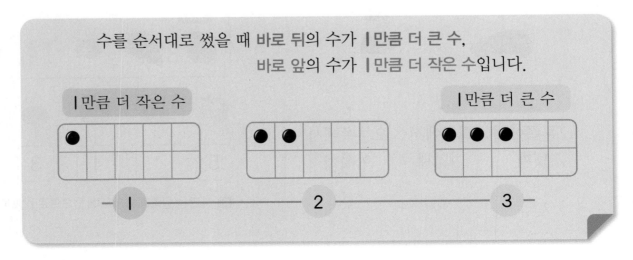

1 빈칸에 |만큼 더 큰 수와 |만큼 더 작은 수를 써넣으세요.

|만큼 더 작은 수

|만큼 더 큰 수

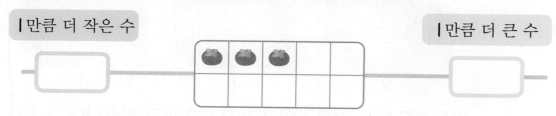

2 보기와 같이 빨간색과 파란색으로 각각 칠해 보세요.

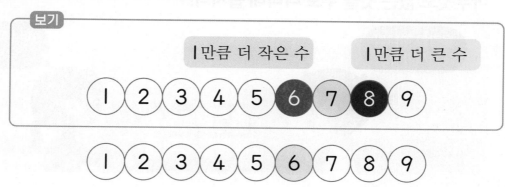

3 빈칸에 |만큼 더 큰 수와 |만큼 더 작은 수를 써넣으세요.

(1) |만큼 더 작은 수 |만큼 더 큰 수

5

(2) |만큼 더 작은 수 |만큼 더 큰 수

8

보충해 봐!
Basic Book
6쪽

6 0을 알아볼까요

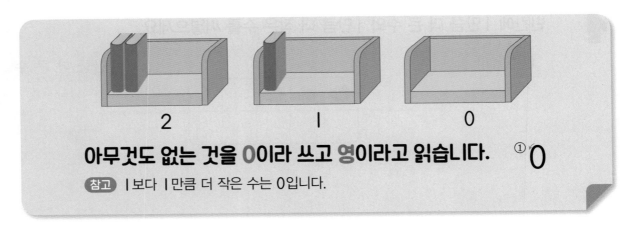

2   1   0

아무것도 없는 것을 0이라 쓰고 영이라고 읽습니다.   ① 0

참고 | 보다 | 만큼 더 작은 수는 0입니다.

1 아무것도 없는 것을 수로 나타내 봅시다.

2   1   ☐

2 색연필의 수를 세어 써 봅시다.

3   2   ☐   ☐

기본 문제

▶ 정답과 풀이 5쪽

1 과자의 수를 세어 ☐ 안에 알맞은 수를 써넣으세요.

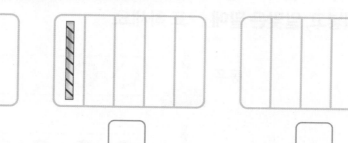

| 2 | ☐ | ☐ |

2 콩의 수를 세어 ☐ 안에 알맞은 수를 써넣으세요.

(1)

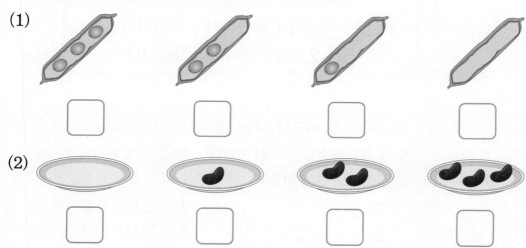

☐ ☐ ☐ ☐

(2)

☐ ☐ ☐ ☐

3 펼친 손가락의 수를 세어 ☐ 안에 알맞은 수를 써넣으세요.

☐ ☐ ☐

보충해 봐!
Basic
Book
7쪽

수의 크기를 비교해 볼까요

1 동우와 진아가 넣은 고리의 수를 비교하려고 합니다. ☐ 안에 알맞은 수를 써넣고, 알맞은 말에 ◯표 하세요.

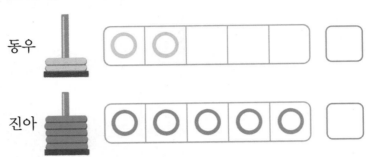

◯는 ◯보다 (많습니다 , 적습니다).
⇨ 2는 5보다 (큽니다 , 작습니다).

◯는 ◯보다 (많습니다 , 적습니다).
⇨ 5는 2보다 (큽니다 , 작습니다).

물건의 수를 비교할 때는 '**많다**', '**적다**'로 말하고,
수의 크기를 비교할 때는 '**크다**', '**작다**'로 말합니다.
예 2와 5의 크기 비교

2 ◯◯
5 ◯◯◯◯◯ ⇨ [2는 5보다 작습니다.
       5는 2보다 큽니다.

2 두 수 3과 7의 크기를 비교해 봅시다.

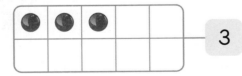 3

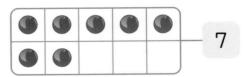 7

• 3은 ☐보다 작습니다.

• ☐은 3보다 큽니다.

기본 문제

1 그림을 보고 두 수의 크기를 비교해 보세요.

⬤는 ◗보다 (많습니다 , 적습니다).

➡ 8은 5보다 (큽니다 , 작습니다).

2 수만큼 ◯를 그리고, 알맞은 말에 ◯표 하세요.

4 ⬚⬚⬚⬚⬚   9 ⬚⬚⬚⬚⬚

• 4는 9보다 (큽니다 , 작습니다).
• 9는 4보다 (큽니다 , 작습니다).

3 더 큰 수에 ◯표 하세요.

(1) | 1 | 3 |

(2) | 7 | 5 |

4 더 작은 수에 △표 하세요.

(1) | 8 | 9 |

(2) | 4 | 2 |

보충해 봐!
Basic Book
8쪽

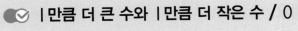

개념 확인 / 실력 문제

✓ I만큼 더 큰 수와 I만큼 더 작은 수 / 0

• 수를 순서대로 썼을 때 바로 뒤의 수가 I만큼 더 큰 수,
바로 앞의 수가 I만큼 더 작은 수입니다.

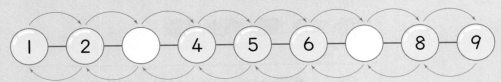

① — ② — ◯ — ④ — ⑤ — ⑥ — ◯ — ⑧ — ⑨

• 0(영): 아무것도 없는 것

✓ 두 수의 크기 비교

9 ◯◯◯◯◯◯◯◯◯
5 ◯◯◯◯◯   ⇨   ┌ 9는 5보다 큽니다.
              └ 5는 9보다 작습니다.

---

1 수박의 수보다 I만큼 더 큰 수를 ◯ 안에 써넣으세요.

2 알맞게 선으로 이어 보세요.

3   2   I   0

3 빈칸에 I만큼 더 큰 수와 I만큼 더 작은 수를 써넣으세요.

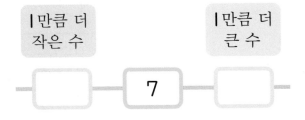

I만큼 더 작은 수		I만큼 더 큰 수
◯	7	◯

4 그림을 보고 ◯ 안에 알맞은 수를 써넣으세요.

8

3

◯ 은 ◯ 보다 큽니다.

5 어항에 있는 물고기 중에서 초록색 물고기의 수를 세어 써 보세요.

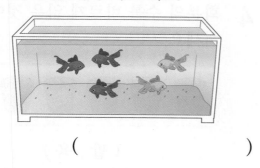

( )

6 5보다 작은 수를 모두 찾아 △표 하세요.

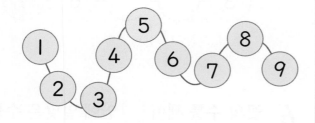

7 가운데 수보다 큰 수에 ○표, 가운데 수보다 작은 수에 △표 하세요.

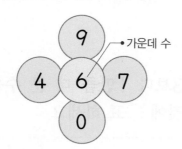

8 딸기를 영주는 9개 먹었고, 혜선이는 7개 먹었습니다. 딸기를 더 많이 먹은 사람은 누구일까요?

( )

교과서 역량 문제 💡

9 수지는 오늘 줄넘기를 4번 넘었습니다. 수지가 어제 넘은 줄넘기는 몇 번일까요?

어제는 오늘보다 하나 더 적게 넘었어.

( )

10 ☐ 안에 알맞은 수를 써넣으세요.

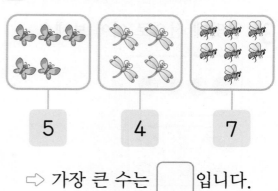

| 5 | 4 | 7 |

⇨ 가장 큰 수는 ☐입니다.

➕ 수를 순서대로 썼을 때 뒤에 있는 수가 더 큰 수입니다.

단원 마무리

1 친구의 수를 세어 알맞은 수에 ◯표 하세요.

| l | 2 | 3 | 4 | 5 |

2 우산의 수를 세어 ☐ 안에 알맞은 수를 써넣으세요.

☐

3 알맞게 선으로 이어 보세요.

 · · 6

 · · 9

 · · 4

4 화분의 수를 바르게 읽은 것에 ◯표 하세요.

(팔 , 육)

5 순서에 알맞게 빈칸에 수를 써넣으세요.

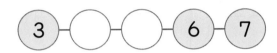

6 꽃의 수를 세어 ☐ 안에 알맞은 수를 써넣으세요.

☐ ☐ ☐

7 3보다 l만큼 더 큰 수를 나타내는 것에 ◯표 하세요.

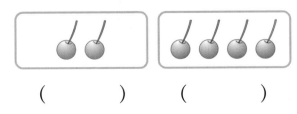

(   )   (   )

8 넷째에 색칠해 보세요.

첫째

9 고양이의 수보다 l만큼 더 작은 수를 ☐ 안에 써넣으세요.

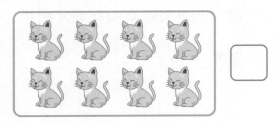

☐

10 빈칸에 l만큼 더 큰 수와 l만큼 더 작은 수를 써넣으세요.

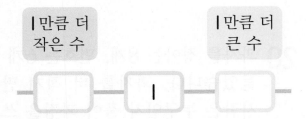

11 그림을 보고 ☐ 안에 알맞은 수를 써넣으세요.

☐ 는 ☐ 보다 작습니다.

12 ♡ 모양은 몇째에 놓여 있는지 찾아 ◯표 하세요.

첫째

| 넷째 | 다섯째 | 여섯째 |

13 더 큰 수에 ◯표 하세요.

| 5 | 6 |

14 순서를 거꾸로 하여 빈칸에 수를 써넣으세요.

15 6보다 큰 수를 모두 찾아 써 보세요.

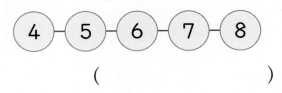

( )

16 현수는 오늘 책을 5장 읽었습니다. 현수가 내일 읽을 책은 몇 장일까요?

내일은 오늘보다 한 장 더 많이 읽어야지.

현수

( )

잘 틀리는 문제 🔍

17 ☐ 안에 알맞은 수를 써넣으세요.

6 — 7 — 8 — 9

- 8은 ☐ 보다 1만큼 더 큰 수입니다.

- 7은 ☐ 보다 1만큼 더 작은 수입니다.

18 가장 작은 수를 찾아 △표 하세요.

| 8 | 0 | 1 |

💬 **서술형 문제**

19 기린과 양 중에서 수가 2인 것은 무엇인지 풀이 과정을 쓰고 답을 구해 보세요.

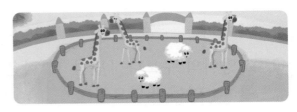

❶ 기린과 양의 수 각각 세어 보기

풀이 _____

_____

❷ 수가 2인 것 구하기

풀이 _____

답 _____

20 과자를 정아는 8개, 민호는 6개 만들었습니다. 과자를 더 적게 만든 사람은 누구인지 풀이 과정을 쓰고 답을 구해 보세요.

❶ 8과 6의 크기 비교하기

풀이 _____

_____

❷ 과자를 더 적게 만든 사람 구하기

풀이 _____

답 _____

기본 문제

1 왼쪽과 같은 모양의 물건을 찾아 ◯표 하세요.

(1)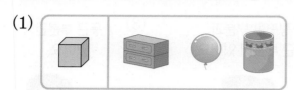

(2)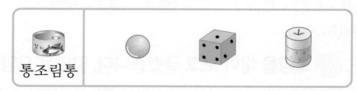

2
단원

6강

2 통조림통과 같은 모양의 물건을 찾아 ◯표 하세요.

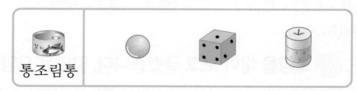

3 같은 모양끼리 모은 것에 ◯표 하세요.

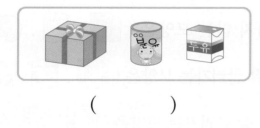

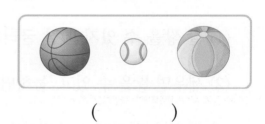

(   )   (   )

4 같은 모양끼리 선으로 이어 보세요.

・   ・   ・

・   ・   ・

보충해 봐!
Basic Book
9쪽

❷ 여러 가지 모양을 알아볼까요

1 친구들이 설명하는 상자 속 물건의 모양을 찾아 ◯표 해 봅시다.

(1) 뾰족한 부분이 있어요.

(⬜ , ⬛ , ⬤)

(2) 평평한 부분과 둥근 부분이 있어요.

(⬜ , ⬛ , ⬤)

(3) 둥근 부분만 있어요.

(⬜ , ⬛ , ⬤)

2 ⬜, ⬛, ⬤ 모양을 쌓아 보고 굴렸습니다. 알맞은 모양을 찾아 ◯표 해 봅시다.

(1) 잘 쌓을 수 있지만 잘 굴러가지 않는 모양은 (⬜ , ⬛ , ⬤)입니다.

(2) 세우면 쌓을 수 있고, 눕히면 잘 굴러가는 모양은 (⬜ , ⬛ , ⬤)입니다.

(3) 쌓을 수 없지만 여러 방향으로 잘 굴러가는 모양은 (⬜ , ⬛ , ⬤)입니다.

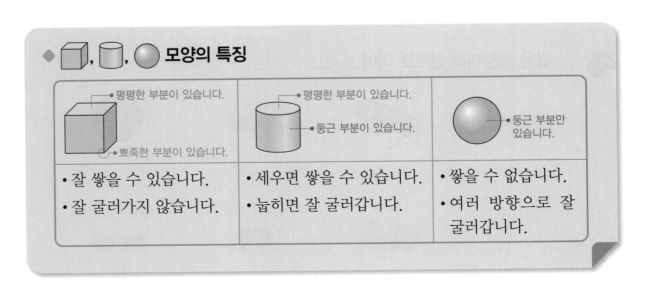

◆ ⬜, ⬛, ⬤ 모양의 특징

• 평평한 부분이 있습니다. • 뾰족한 부분이 있습니다.	• 평평한 부분이 있습니다. • 둥근 부분이 있습니다.	• 둥근 부분만 있습니다.
• 잘 쌓을 수 있습니다. • 잘 굴러가지 않습니다.	• 세우면 쌓을 수 있습니다. • 눕히면 잘 굴러갑니다.	• 쌓을 수 없습니다. • 여러 방향으로 잘 굴러갑니다.

기본 문제

1 설명하는 모양의 물건을 찾아 ◯표 하세요.

> 평평한 부분과 뾰족한 부분이 있습니다.

(   )   (   )   (   )

2 알맞은 것끼리 선으로 이어 보세요.

| 잘 굴러가지 않고 쌓을 수 있습니다. | 굴러가고 쌓을 수 있습니다. | 잘 굴러가고 쌓을 수 없습니다. |

3 쌓을 수 <u>없는</u> 물건을 찾아 ◯표 하세요.

(   )   (   )   (   )

보충해 봐!
Basic Book
10쪽

3 여러 가지 모양으로 만들어 볼까요

1 현주와 서우가 ⬛, 🔵, ⚪ 모양으로 놀이 기구를 만들었습니다.
사용한 모양을 찾아 ○표 해 봅시다.

(1) 철봉

(⬛ , 🔵 , ⚪)

(2) 시소

(⬛ , 🔵 , ⚪)

2 자동차를 만드는 데 ⬛, 🔵, ⚪ 모양을 각각 몇 개 사용했는지 세어 봅시다.

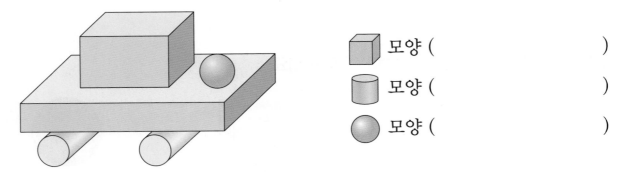

⬛ 모양 ( )

🔵 모양 ( )

⚪ 모양 ( )

기본 문제

1 사용한 모양을 모두 찾아 ○표 하세요.

(1)
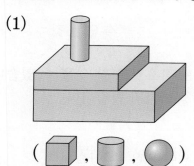

(▢ , ▮ , ●)

(2)
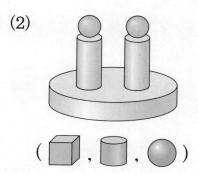

(▢ , ▮ , ●)

2 ▢ 모양은 연두색, ▮ 모양은 분홍색, ● 모양은 노란색으로 칠해 보세요.

(1)
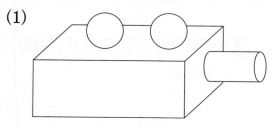

(2)
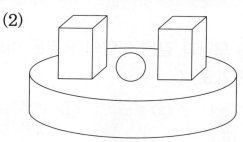

3 ▢, ▮, ● 모양을 각각 몇 개 사용했는지 세어 보세요.

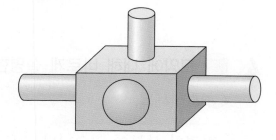

▢ 모양 (   )

▮ 모양 (   )

● 모양 (   )

보충해 봐!
Basic
Book
11쪽

2. 여러 가지 모양 **37**

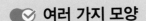
여러 가지 모양

모양	물건	알 수 있는 것
평평한 부분 / 뾰족한 부분		• 어느 쪽으로도 잘 쌓을 수 있습니다. • 잘 굴러가지 않습니다.
평평한 부분 / 둥근 부분		• 세우면 쌓을 수 있습니다. • 눕히면 잘 굴러갑니다.
둥근 부분만 있습니다.		• 쌓을 수 없습니다. • 여러 방향으로 잘 굴러갑니다.

1 ⬤ 모양과 같은 모양의 물건은 어느 것인가요? ( )

①   ②   ③

④   ⑤

2 모양이 나머지와 <u>다른</u> 하나를 찾아 ✕표 하세요.

( ) ( ) ( )

3 주사위와 같은 모양의 물건을 찾아 ◯표 하세요.

주사위

( ) ( ) ( )

4 ⬤ 모양에 대해 바르게 설명한 것에 ◯표 하세요.

평평한 부분이 있습니다.	( )

둥근 부분이 없습니다.	( )

5 사용한 모양을 모두 찾아 ◯표 하세요.

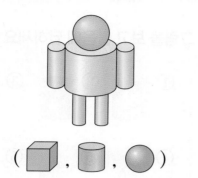

( , , ◯)

6 보기 의 모양과 같은 모양의 물건에 ◯표 하세요.

보기

(   )   (   )

7 쌓을 수 있는 물건을 모두 찾아 ◯표 하세요.

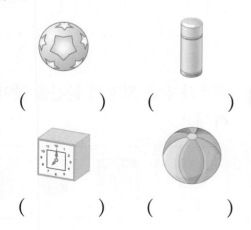

(   )   (   )

(   )   (   )

8 ▢, ▢, ◯ 모양을 각각 몇 개 사용했는지 세어 보세요.

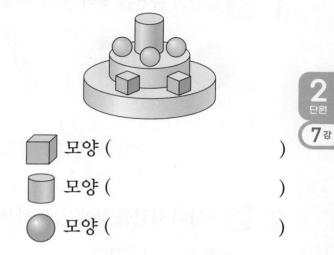

▢ 모양 (   )

▢ 모양 (   )

◯ 모양 (   )

교과서 역량 문제 💡

9 서로 다른 부분을 모두 찾아 ◯표 하세요.

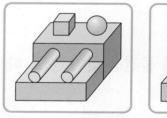 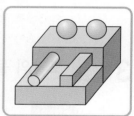

10 주어진 모양을 모두 사용하여 만든 것에 ◯표 하세요.

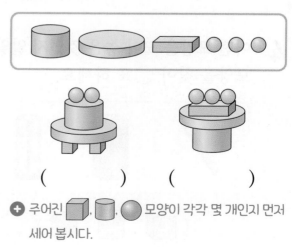

(   )   (   )

➕ 주어진 ▢, ▢, ◯ 모양이 각각 몇 개인지 먼저 세어 봅시다.

단원 마무리

1  모양의 물건을 찾아 ○표 하세요.

(   ) (   ) (   )

2 모양의 물건을 찾아 ○표 하세요.

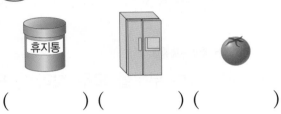

(   ) (   ) (   )

3 모양의 물건을 찾아 ○표 하세요.

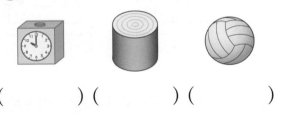

(   ) (   ) (   )

4 어떤 모양을 모아 놓은 것인지 알맞은 모양을 찾아 ○표 하세요.

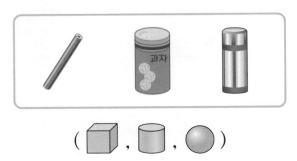

(,   ,   )

➕ 그림을 보고 물음에 답하세요. [5~6]

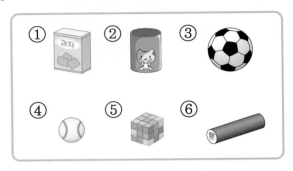

5 모양의 물건을 모두 찾아 번호를 써 보세요.

(   )

6 모양의 물건은 모두 몇 개일까요?

(   )

7 같은 모양끼리 모은 것에 ○표 하세요.

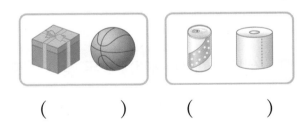

(   ) (   )

8 방울과 같은 모양의 물건을 찾아 ○표 하세요.

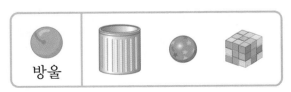

9 같은 모양끼리 선으로 이어 보세요.

10 사용한 모양을 모두 찾아 ◯표 하세요.

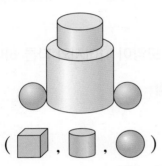

(▢ , ▢ , ●)

11 ▨ 모양을 몇 개 사용했는지 세어 보세요.

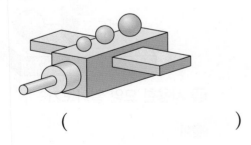

(   )

12 잘 굴러가지 <u>않는</u> 모양을 찾아 ◯표 하세요.

(▢ , ▢ , ●)

13 오른쪽 물건의 모양에 대해 잘못 설명한 것에 ✕표 하세요.

| 둥근 부분이 있습니다. | (|) |

| 뾰족한 부분이 있습니다. | (|) |

14 보기 의 모양과 같은 모양의 물건을 찾아 ◯표 하세요.

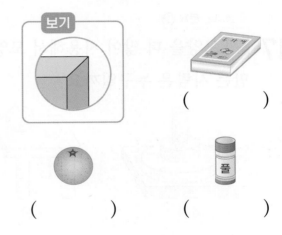

보기

( ) ( )

( ) ( )

15 설명하는 모양의 물건을 찾아 ◯표 하세요.

- 세우면 쌓을 수 있습니다.
- 눕히면 잘 굴러갑니다.

(   ) (   ) (   )

16 ⬛, 🔵, ⚫ 모양을 각각 몇 개 사용했는지 세어 보세요.

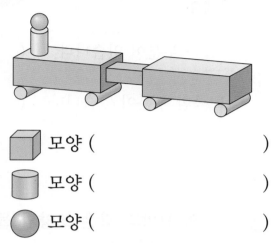

⬛ 모양 (   )

🔵 모양 (   )

⚫ 모양 (   )

잘 틀리는 문제 🔍

17 🔵 모양을 더 많이 사용해서 모양을 만든 사람은 누구일까요?

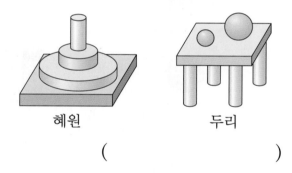

혜원   두리

(   )

18 왼쪽의 모양을 모두 사용하여 만든 것을 찾아 선으로 이어 보세요.

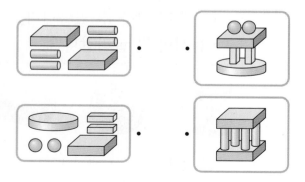

19 모양이 나머지와 <u>다른</u> 하나를 찾아 쓰려고 합니다. 풀이 과정을 쓰고 답을 구해 보세요.

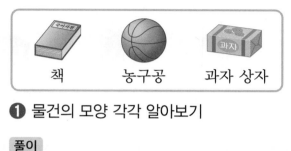

책   농구공   과자 상자

❶ 물건의 모양 각각 알아보기

풀이 _____

_____

❷ 모양이 나머지와 <u>다른</u> 하나 찾기

풀이 _____

답 _____

20 ⬛, 🔵, ⚫ 모양 중에서 사용하지 <u>않은</u> 모양은 어떤 모양인지 풀이 과정을 쓰고 답을 구해 보세요.

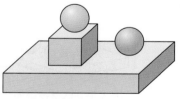

❶ 사용한 모양 알아보기

풀이 _____

_____

❷ 사용하지 <u>않은</u> 모양 알아보기

풀이 _____

_____

답 _____

행복 관리자

행복 관리자는 스트레스를 덜 받는 편안한 업무 환경을 만들고
월급, 휴게실 등을 관리해요. 다른 사람의 필요를 잘 이해하는 사람,
끊임없이 변하는 문제의 해결책을 찾는 능력이 있는 사람에게 꼭 맞는 직업이에요!

◉ 그림을 색칠하며 '행복 관리자'라는 직업을 상상해 보세요.

그림을 보고 모으기와 가르기를 해 볼까요

1 모으기와 가르기를 해 봅시다.

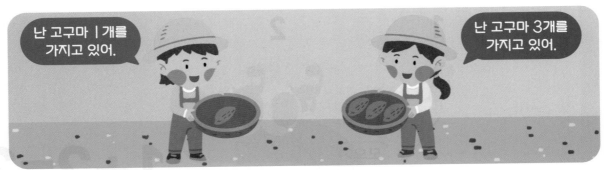

(1)

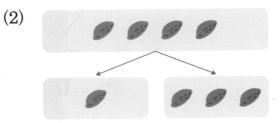

고구마 1개와 3개를 모으기하면
고구마는 모두 ☐개입니다.

(2)

고구마 4개를 1개와 ☐개로
가르기할 수 있습니다.

2 모으기를 하여 수로 나타내 봅시다.

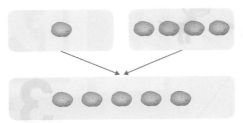 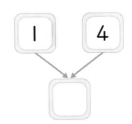

3 가르기를 하여 수로 나타내 봅시다.

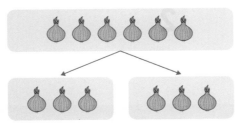

기본 문제

1 그림을 보고 모으기를 해 보세요.

(1)

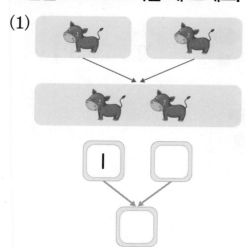

| 1 | |

(2)

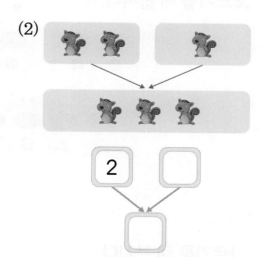

| 2 | |

2 그림을 보고 가르기를 해 보세요.

(1)

/ / / / / / /

/ / / /   / / /

| 7 |

(2)

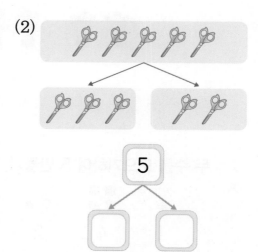

| 5 |

3 그림을 보고 모으기와 가르기를 해 보세요.

(1)

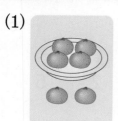 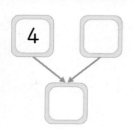

| 4 | |

(2)

 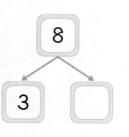

| 8 |

| 3 | |

보충해 봐!
Basic
Book
12쪽

2 9까지의 수의 모으기와 가르기를 해 볼까요

1 모으기를 해 봅시다.

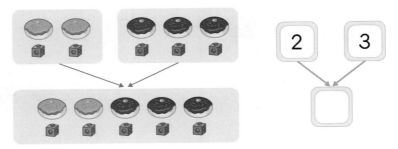

2 가르기를 해 봅시다.

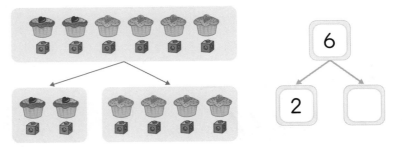

◆ 두 수를 모으기하여 5 만들기

◆ 6을 두 수로 가르기

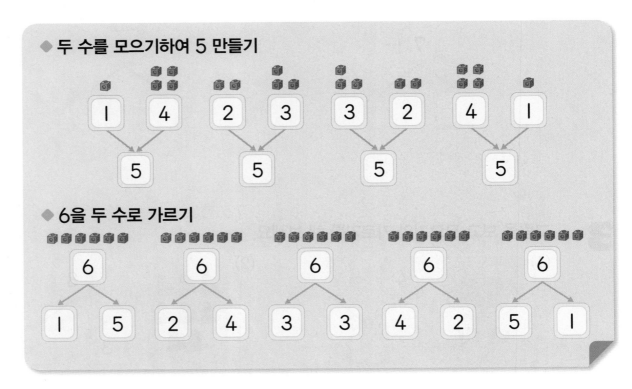

기본 문제

1 모으기와 가르기를 해 보세요.

(1)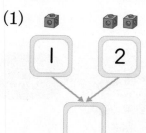

(2)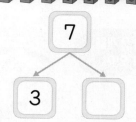

2 모으기를 해 보세요.

(1)

(2)

3 가르기를 해 보세요.

(1)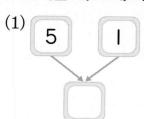

(2)

4 가르기를 해 보세요.

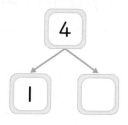

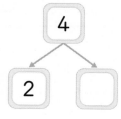

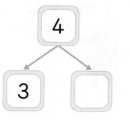

보충해 봐!
Basic
Book
13쪽

3 이야기를 만들어 볼까요

1 그림을 보고 덧셈 이야기를 만들려고 합니다. 알맞은 말에 ○표 하고, ☐ 안에 알맞은 수를 써넣어 봅시다.

덧셈 이야기는 '모두', '모은다', '더하다' 등의 낱말을 이용하여 만들 수 있어요.

민기가 가지고 있는 오이 2개와 지효가 가지고 있는 오이 3개를 (모으면 , 가르면)

오이는 모두 ☐개입니다.

2 그림을 보고 뺄셈 이야기를 만들려고 합니다. ☐ 안에 알맞은 수를 써넣고, 알맞은 말에 ○표 해 봅시다.

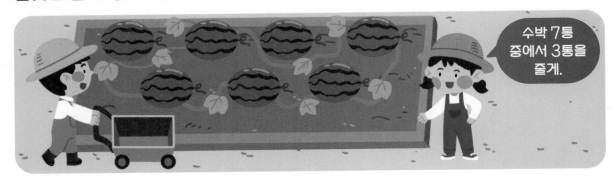

뺄셈 이야기는 '남는다', '더 많다', '더 적다', '가른다' 등의 낱말을 이용하여 만들 수 있어요.

수박 7통 중에서 3통을 친구에게 주면

수박은 ☐통이 (남습니다 , 모자랍니다).

기본 문제

➕ 그림을 보고 ▢ 안에 알맞은 수를 써넣어 이야기를 만들어 보세요. [**1~2**]

1

나뭇가지에 새가 4마리 있었는데

▢ 마리가 더 날아와서

새는 모두 ▢ 마리가 됩니다.

2

풍선을 3개 가지고 있었는데

▢ 개가 날아가서

풍선은 ▢ 개가 남습니다.

➕ 그림을 보고 보기 의 낱말을 이용하여 이야기를 만들어 보세요. [**3~4**]

> **보기**
>
> 더 많습니다   더 적습니다   모두   남습니다   모으면   가르면

3

울타리 안에 있는 토끼 5마리와 울타리 밖에 있는 토끼 2마리를 모으면 토끼는 ▢ 7마리가 됩니다.

4

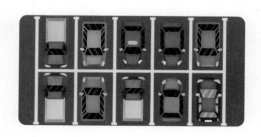

빨간색 차가 4대, 파란색 차가 6대 있으므로 파란색 차가 2대 ▢ .

보충해 봐!
Basic
Book
14쪽

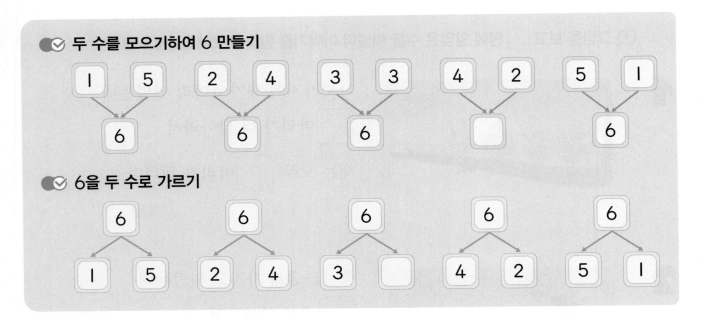

두 수를 모으기하여 6 만들기

6을 두 수로 가르기

1 그림을 보고 모으기를 해 보세요.

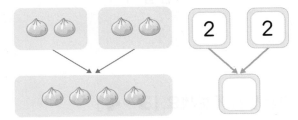

3 가르기를 해 보세요.

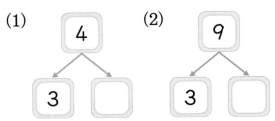

(1)
```
    4
   / \
  3   □
```

(2)
```
    9
   / \
  3   □
```

2 모으기를 해 보세요.

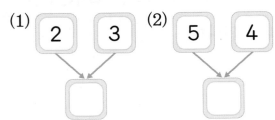

(1)
```
 2   3
  \ /
   □
```

(2)
```
 5   4
  \ /
   □
```

4 두 수를 모으기하면 7이 되는 것에 ◯표 하세요.

| 4, 1 | 1, 6 |

(   )   (   )

▶ 정답과 풀이 **10**쪽

5 과자 7개를 접시 2개에 나누어 담으려고 합니다. 오른쪽 접시에 담아야 하는 과자의 수만큼 ○를 그려 보세요.

6 5를 위와 아래의 두 수로 가르기하려고 합니다. 빈칸에 알맞은 수를 써넣으세요.

5 →
1	2	3	4
4			

7 그림을 보고 덧셈 이야기를 만들어 보세요.

어항 안에 물고기가 4마리 있었는데

[ ] 마리를 더 넣으면 물고기는 모두

[ ] 마리가 됩니다.

8 그림을 보고 뺄셈 이야기를 만들어 보세요.

나무에 나뭇잎이 6장 있었는데

[ ] 장이 떨어져서 나뭇잎은

[ ] 장이 남습니다.

9 9를 두 수로 바르게 가르기한 것을 모두 고르세요. ( )

① 2와 6 ② 3과 4 ③ 4와 5
④ 6과 3 ⑤ 7과 1

교과서 역량 문제 💡

10 모으기를 하여 8이 되도록 두 수를 묶어 보세요.

6	7	1
2	3	9
4	5	8

➕ 양옆, 위아래의 수를 모으기하며 8이 되는 두 수를 찾아봅니다.

4 덧셈을 알아볼까요

1 꽃밭에 있는 벌은 모두 몇 마리인지 알아봅시다.

꽃 위에 벌 2마리가 앉아 있어.

벌 1마리가 날아오고 있어.

(1) 그림을 보고 이야기를 만들어 보세요.

꽃 위에 벌 2마리가 앉아 있었는데 벌 1마리가 더 날아왔습니다.

⇨

꽃밭에 있는 벌은 모두 ☐ 마리입니다.

(2) 꽃밭에 있는 벌은 모두 몇 마리인지 덧셈식으로 나타내 보세요.

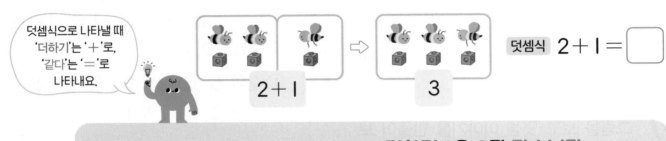

덧셈식으로 나타낼 때 '더하기'는 '+'로, '같다'는 '='로 나타내요.

2+1

⇨ 3

덧셈식 2+1=☐

쓰기 2+1=3

읽기
· 2 더하기 1은 3과 같습니다.
· 2와 1의 합은 3입니다.

2 오리는 모두 몇 마리인지 덧셈식을 쓰고 읽어 봅시다.

쓰기 5+2=☐   **읽기** 5 더하기 ☐ 는 ☐ 과 같습니다.

기본 문제

1 알맞은 것끼리 선으로 이어 보세요.

·

·

2 그림을 보고 알맞은 덧셈식에 ○표 하세요.

(1)

$1+4=5$ $2+4=6$

(   )   (   )

(2)

$6+2=8$ $3+6=9$

(   )   (   )

3 그림을 보고 덧셈식을 써 보세요.

(1)

$2+3=\boxed{}$

(2)

$4+\boxed{}=\boxed{}$

보충해 봐!
Basic
Book
15쪽

5 덧셈을 해 볼까요

1 딸기는 모두 몇 개인지 여러 가지 방법으로 덧셈을 해 봅시다.

(1) 딸기의 수만큼 모으기를 해 보세요.

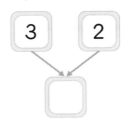

(2) 십 배열판에 바구니에 있는 딸기의 수 3개에 이어서 손에 들고 있는 딸기의 수만큼 ○를 그려 보세요.

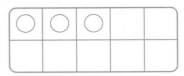

(3) 딸기는 모두 몇 개인지 덧셈식으로 나타내 보세요.

$$3+2=\boxed{}$$

2 달걀은 모두 몇 개인지 덧셈식으로 쓰고, 두 식을 비교해 봅시다.

4 + 3 = ☐

3 + 4 = ☐

⇨ 두 수의 순서를 바꾸어 더해도 합은 (같습니다 , 다릅니다).

기본 문제

1 그림을 보고 모으기를 이용하여 덧셈을 해 보세요.

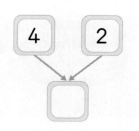

4 2

$4+\boxed{}=\boxed{}$

2 그림을 보고 ◯를 그려 덧셈을 해 보세요.

$3+\boxed{}=\boxed{}$

3 덧셈을 해 보세요.

(1) $2+1=\boxed{}$ (2) $3+5=\boxed{}$

(3) $4+4=\boxed{}$ (4) $7+2=\boxed{}$

4 합이 <u>다른</u> 덧셈식을 찾아 ◯표 하세요.

$2+6$	$6+2$	$5+1$
( )	( )	( )

보충해 봐!
Basic
Book
16쪽

6 뺄셈을 알아볼까요

1 가지나무에 남은 가지는 몇 개인지 알아봅시다.

(1) 그림을 보고 이야기를 만들어 보세요.

가지나무에 가지가 5개 있었는데 2개를 땄습니다.	⇨	가지나무에 남은 가지는 ☐개입니다.

(2) 가지나무에 남은 가지는 몇 개인지 **뺄셈식**으로 나타내 보세요.

뺄셈식으로 나타낼 때 '빼기'는 '−'로, '같다'는 '='로 나타내요.

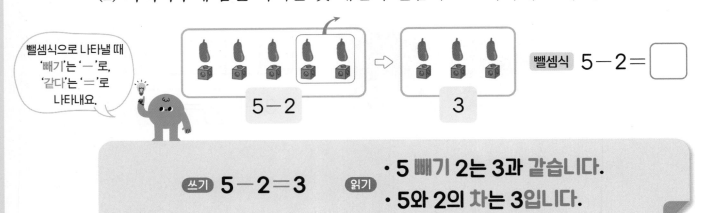

5−2   3   **뺄셈식** 5−2=☐

쓰기 5−2=3   **읽기**
· 5 **빼기** 2는 3과 **같습니다.**
· 5와 2의 **차**는 3입니다.

2 윤아의 옥수수가 정후의 옥수수보다 몇 개 더 많은지 뺄셈식을 쓰고 읽어 봅시다.

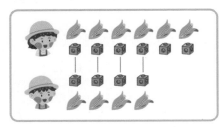

쓰기 6−4=☐

읽기 6과 ☐의 차는 ☐입니다.

기본 문제

1 알맞은 것끼리 선으로 이어 보세요.

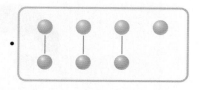

2 그림을 보고 알맞은 뺄셈식에 ○표 하세요.

(1)

$7-1=6$ 　　$5-1=4$

(　　　)　　　(　　　)

(2)

$4-2=2$ 　　$6-4=2$

(　　　)　　　(　　　)

3 그림을 보고 뺄셈식을 써 보세요.

(1)

$5-3=\boxed{}$

(2)

$8-\boxed{}=\boxed{}$

모총해 봐!
Basic
Book
17쪽

7 뺄셈을 해 볼까요

1 먹고 남은 사과는 몇 개인지 여러 가지 방법으로 뺄셈을 해 봅시다.

처음에는 사과가 7개 있었는데 내가 1개를 먹었어.

(1) 사과의 수를 가르기를 해 보세요.

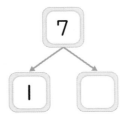

(2) 먹은 사과의 수만큼 /으로 지워 보세요.

(3) 먹고 남은 사과는 몇 개인지 뺄셈식으로 나타내 보세요.

$$7 - 1 = \boxed{}$$

2 토마토가 당근보다 몇 개 더 많은지 뺄셈을 해 봅시다.

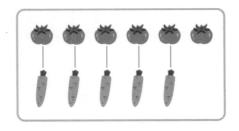

$$\boxed{} - 5 = \boxed{}$$

기본 문제

▶ 정답과 풀이 **11**쪽

1 그림을 보고 /으로 지우거나 하나씩 연결하여 뺄셈을 해 보세요.

(1)

$8 - 3 = \boxed{}$

(2)

$5 - 2 = \boxed{}$

2 뺄셈을 해 보세요.

(1) $2 - 1 = \boxed{}$

(2) $6 - 4 = \boxed{}$

(3) $7 - 6 = \boxed{}$

(4) $9 - 3 = \boxed{}$

3 그림을 보고 뺄셈을 해 보세요.

(1)

$8 - \boxed{} = \boxed{}$

(2)

$4 - \boxed{} = \boxed{}$

보충해 봐!
Basic Book
18쪽

8 0이 있는 덧셈과 뺄셈을 해 볼까요

1 콩이 모두 몇 개인지 알아봅시다.

(1)

나는 콩이 없어.

나는 콩이 3개 있어.

$$0+3=\boxed{}$$

(2)

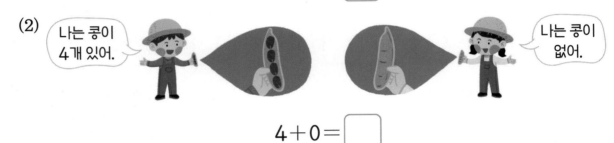

나는 콩이 4개 있어.

나는 콩이 없어.

$$4+0=\boxed{}$$

2 남은 콩이 몇 개인지 알아봅시다.

(1)

나는 콩을 화분에 안 심었어.

$$3-0=\boxed{}$$

(2)

콩을 화분에 모두 심었어.

$$2-2=\boxed{}$$

◆ 0이 있는 덧셈과 뺄셈
  • 0+(어떤 수)=(어떤 수)   • (어떤 수)+0=(어떤 수)
  • (어떤 수)-0=(어떤 수)   • (전체)-(전체)=0

▶ 정답과 풀이 12쪽

기본 문제

1 그림을 보고 덧셈을 해 보세요.

(1)

$$0 + \boxed{} = \boxed{}$$

(2)

$$5 + \boxed{} = \boxed{}$$

2 그림을 보고 뺄셈을 해 보세요.

(1)

$$6 - \boxed{} = \boxed{}$$

(2)

$$3 - \boxed{} = \boxed{}$$

3 덧셈과 뺄셈을 해 보세요.

(1) $0 + 7 = \boxed{}$

(2) $5 - 0 = \boxed{}$

(3) $6 + 0 = \boxed{}$

(4) $8 - 8 = \boxed{}$

4 ◯ 안에 +, −를 알맞게 써넣으세요.

(1) $7 \bigcirc 7 = 0$

(2) $0 \bigcirc 4 = 4$

개념 확인 실력 문제

✅ 덧셈

1+3

4

쓰기 1+3=4

읽기
- 1 더하기 3은 4와 같습니다.
- 1과 3의 합은 ☐ 입니다.

✅ 0이 있는 덧셈

- 0+(어떤 수)=(어떤 수)
- (어떤 수)+0=(어떤 수)

✅ 뺄셈

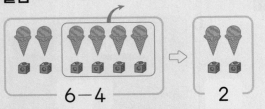

6-4

2

쓰기 6-4=2

읽기
- 6 빼기 4는 2와 같습니다.
- 6과 4의 차는 ☐ 입니다.

✅ 0이 있는 뺄셈

- (어떤 수)-0=(어떤 수)
- (전체)-(전체)=0

---

1 덧셈식으로 나타내 보세요.

┌─────────────────────────┐
│ 1 더하기 5는 6과 같습니다. │
└─────────────────────────┘

(   )

2 그림을 보고 뺄셈을 해 보세요.

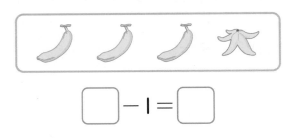

☐ - 1 = ☐

3 그림을 보고 덧셈을 해 보세요.

6 + ☐ = ☐

4 뺄셈을 해 보세요.

(1) 3-2= ☐

(2) 5-5= ☐

▶ 정답과 풀이 **12**쪽

5 합이 같은 것끼리 선으로 이어 보세요.

6+1 ·　　　　· 4+2

2+4 ·　　　　· 1+6

3+6 ·　　　　· 6+3

6 계산 결과가 더 큰 것에 ◯표 하세요.

5−0　　　　4+0

(　　　)　　(　　　)

7 ▦ 모양은 ◯ 모양보다 몇 개 더 많은 지 뺄셈식을 써 보세요.

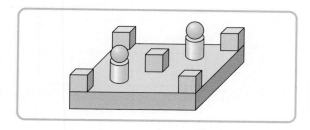

▦ 모양　　　◯ 모양

☐ − ☐ = ☐

8 그림을 보고 덧셈식을 써 보세요.

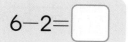

☐ + ☐ = ☐

9 교실에 여학생은 2명, 남학생은 7명 있습니다. 교실에 있는 학생은 모두 몇 명일까요?

식 _____

답 _____

교과서 역량 문제 💡

10 뺄셈을 하고, 차가 같은 뺄셈식을 써 보세요.

5−1=☐　　6−2=☐

☐ − ☐ = ☐

➕ 뺄셈을 각각 하여 차가 같은 두 수를 찾아봅니다.

3
단원

12강

단원 마무리

1 그림을 보고 모으기를 해 보세요.

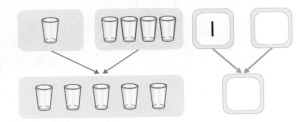

2 그림을 보고 가르기를 해 보세요.

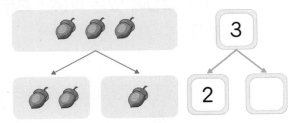

3 뺄셈식으로 나타내 보세요.

> 7 빼기 6은 1과 같습니다.

(   )

4 그림을 보고 덧셈을 해 보세요.

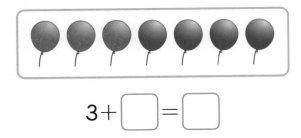

$3+\boxed{}=\boxed{}$

5 그림을 보고 덧셈을 해 보세요.

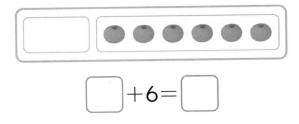

$\boxed{}+6=\boxed{}$

6 그림을 보고 뺄셈식을 써 보세요.

(   )

7 식에 알맞게 ○를 그려 덧셈을 해 보세요.

$4+5=\boxed{}$

8 가르기를 이용하여 뺄셈을 해 보세요.

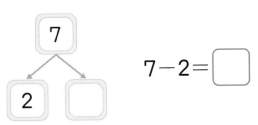

$7-2=\boxed{}$

▶ 정답과 풀이 13쪽

9 덧셈을 해 보세요.

$$4+2=\boxed{}$$

10 합이 <u>다른</u> 덧셈식을 찾아 ○표 하세요.

3+5	7+0	5+3

(   ) (   ) (   )

11 초콜릿 6개를 두 봉지에 나누어 담았습니다. <u>잘못</u> 나눈 것을 찾아 ✕표 하세요.

(   ) (   ) (   )

12 ○ 안에 +, ─를 알맞게 써넣으세요.

$$0\bigcirc 8=8$$

13 모으기를 하여 7이 되는 두 수를 찾아 ○표 하세요.

5	4	1	2

14 그림을 보고 뺄셈식을 써 보세요.

$$\boxed{}-\boxed{}=\boxed{}$$

15 계산 결과가 같은 것끼리 선으로 이어 보세요.

2+5	·	·	8−1
3+1	·	·	5−0
1+4	·	·	7−3

16 계산 결과가 가장 큰 것을 찾아 ○표 하세요.

| 6+1 | 9-0 | 8-2 |

(   ) (   ) (   )

17 세호는 8살이고, 누나는 세호보다 1살 더 많습니다. 누나는 몇 살일까요?

(   )

18 주차장에 자동차가 5대 있었는데 5대 모두 나갔습니다. 주차장에 남아 있는 자동차는 몇 대일까요?

(   )

서술형 문제

19 두 수를 모으기한 수가 <u>다른</u> 하나를 찾아 기호를 쓰려고 합니다. 풀이 과정을 쓰고 답을 구해 보세요.

| ㉠ 3과 3   ㉡ 1과 7   ㉢ 5와 1 |

❶ ㉠, ㉡, ㉢의 두 수를 모으기하기

풀이 _____

_____

❷ 모으기한 수가 <u>다른</u> 하나를 찾기

풀이 _____

_____

답 _____

20 밤 9개와 호두 7개가 있습니다. 밤은 호두보다 몇 개 더 많은지 풀이 과정을 쓰고 답을 구해 보세요.

❶ 문제에 알맞은 식 만들기

풀이 _____

_____

❷ 밤은 호두보다 몇 개 더 많은지 구하기

풀이 _____

_____

답 _____

항공 우주 공학 기술자

항공 우주 공학 기술자는 지구나 우주에서 비행할 수 있는 기구나
장치를 만드는 일을 해요. 비행에 대한 열정을 가진 사람,
우주를 탐험하는 꿈을 키우는 사람에게 꼭 맞는 직업이에요!

⭕ 그림에서 빗, 연필, 농구공, 빵을 찾아보세요.

▶ 정답 13쪽

교과서 개념
1
어느 것이 더 길까요

1 붓과 물감의 길이를 비교해 봅시다.

붓

물감

물건의 **한쪽 끝을 맞추고** 맞대어 보았을 때 **다른 쪽 끝이 더 많이 나간 것**이 더 길어요.

오른쪽 끝이 더 많이 나간 것은 (붓 , 물감)입니다.
⇨ 더 긴 것은 (붓 , 물감)입니다.

물건의 길이를 비교할 때에는 '길다', '짧다'로 나타냅니다.

◆ **색연필과 크레파스의 길이 비교**

색연필
크레파스

⇨ [색연필은 크레파스보다 더 **깁니다.**
크레파스는 색연필보다 더 **짧습니다.**

(참고) **높이의 비교**
아래쪽 끝을 맞추고 맞대어 보았을 때
위쪽 끝이 더 많이 나간 것이 더 높습니다.

더 높다   더 낮다

---

2 버스, 승용차, 자전거의 길이를 비교해 봅시다.

버스

승용차

자전거

오른쪽 끝이 가장 적게 나간 것은
(버스 , 승용차 , 자전거)입니다.
⇨ 자전거가 가장 (깁니다 , 짧습니다).

◆ **연필, 풀, 지우개의 길이 비교**

연필
풀
지우개

⇨ [연필이 **가장 깁니다.**
지우개가 **가장 짧습니다.**

1 더 긴 것에 색칠해 보세요.

2 더 짧은 것에 △표 하세요.

(1) (   )

(   )

(2)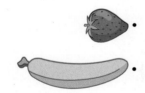

(   ) (   )

3 알맞게 선으로 이어 보세요.

·   · 더 길다

·   · 더 짧다

4 가장 긴 것에 ◯표 하세요.

(1) (   )

(   )

(   )

(2)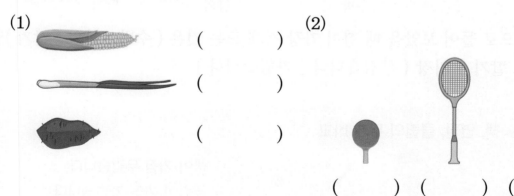

(   ) (   ) (   )

보충해 봐!
Basic
Book
20쪽

어느 것이 더 무거울까요

1 선풍기와 리모컨의 무게를 비교해 봅시다.

선풍기   리모컨

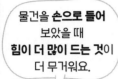
물건을 **손으로 들어** 보았을 때 **힘이 더 많이 드는 것**이 더 무거워요.

손으로 들어 보았을 때 힘이 더 많이 드는 것은 (선풍기 , 리모컨)입니다.

⇨ 더 무거운 것은 (선풍기 , 리모컨)입니다.

물건의 무게를 비교할 때에는 '**무겁다**', '**가볍다**'로 나타냅니다.

◆ 가위와 색종이의 무게 비교

가위   색종이   ⇨ 가위는 색종이보다 더 **무겁습니다**.
                          색종이는 가위보다 더 **가볍습니다**.

---

2 수박, 참외, 딸기의 무게를 비교해 봅시다.

수박   참외   딸기

손으로 들어 보았을 때 힘이 가장 적게 드는 것은 (수박 , 참외 , 딸기)입니다.

⇨ 딸기가 가장 (무겁습니다 , 가볍습니다).

◆ 책, 연필, 클립의 무게 비교

책   연필   클립   ⇨ 책이 가장 **무겁습니다**.
                          클립이 가장 **가볍습니다**.

기본 문제

1 더 무거운 것에 색칠해 보세요.

(1)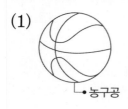

농구공　　탁구공

(2)

깻잎　　무

2 더 가벼운 것에 △표 하세요.

(1)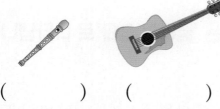

（　　　　）　（　　　　）

(2)

（　　　　）　（　　　　）

3 알맞게 선으로 이어 보세요.

• 　　　　• 더 무겁다

• 　　　　• 더 가볍다

4 가장 무거운 것에 ○표 하세요.

（　　　　）　（　　　　）　（　　　　）

보충해 봐!
Basic
Book
21쪽

어느 것이 더 넓을까요

1 돗자리와 손수건의 넓이를 비교해 봅시다.

돗자리

손수건

물건의 **한쪽 끝을** 맞추어 겹쳐 보았을 때 **남는 부분이 있는 것이** 더 넓어요.

겹쳐 보았을 때 남는 부분이 있는 것은 (돗자리 , 손수건)입니다.

⇨ 더 넓은 것은 (돗자리 , 손수건)입니다.

물건의 넓이를 비교할 때에는 '넓다', '좁다'로 나타냅니다.

◆ 칠판과 벽시계의 넓이 비교

칠판

벽시계

⇨ 칠판은 벽시계보다 더 넓습니다.
벽시계는 칠판보다 더 좁습니다.

2 달력, 액자, 색종이의 넓이를 비교해 봅시다.

달력

액자

색종이

겹쳐 보았을 때 남는 부분이 없는 것은 (달력 , 액자 , 색종이)입니다.

⇨ 색종이가 가장 (넓습니다 , 좁습니다).

◆ 공책, 수첩, 지우개의 넓이 비교

공책

수첩

지우개

⇨ 공책이 가장 넓습니다.
지우개가 가장 좁습니다.

기본 문제

▶ 정답과 풀이 14쪽

4
단원

14강

1 더 넓은 것에 색칠해 보세요.

(1)

(2)

2 더 좁은 것에 △표 하세요.

(1)

( ) ( )

(2)

( ) ( )

3 알맞게 선으로 이어 보세요.

 ·

 ·

· 더 넓다

· 더 좁다

4 가장 넓은 것에 ◯표 하세요.

( ) ( ) ( )

보충해 봐!
Basic Book
22쪽

어느 것에 더 많이 담을 수 있을까요

1 페트병과 요구르트병에 담을 수 있는 양을 비교해 봅시다.

페트병

요구르트병

그릇의 모양과 크기가 다를 때 **그릇이 더 큰 것**이 담을 수 있는 양이 더 많아요.

그릇의 크기를 비교했을 때 더 큰 것은 (페트병 , 요구르트병)입니다.

⇨ 담을 수 있는 양이 더 많은 것은 (페트병 , 요구르트병)입니다.

> **그릇에 담을 수 있는 양을 비교할 때에는 '많다', '적다'로 나타냅니다.**
>
> ◆ 양동이와 바가지에 담을 수 있는 양의 비교
>
>
> 양동이　　바가지
>
> ⇨ 양동이는 바가지보다 담을 수 있는 양이 더 **많습니다.**
> 　바가지는 양동이보다 담을 수 있는 양이 더 **적습니다.**

2 ㉮, ㉯, ㉰ 컵에 담긴 양을 비교해 봅시다.

㉮ 　　㉯ 　　㉰

그릇의 모양과 크기가 같을 때 **물의 높이가 높을수록** 담긴 물의 양이 더 많아요.

물의 높이가 가장 낮은 것은 (㉮ , ㉯ , ㉰) 컵입니다.

⇨ ㉰ 컵이 담긴 물의 양이 가장 (많습니다 , 적습니다).

> ◆ ㉮, ㉯, ㉰ 병에 담긴 물의 양의 비교
>
> ㉮ 　㉯ 　㉰
>
> ⇨ ㉮ 병이 담긴 물의 양이 **가장 많습니다.**
> 　㉰ 병이 담긴 물의 양이 **가장 적습니다.**

기본 문제

1 담을 수 있는 양이 더 적은 것에 △표 하세요.

(1)

(   ) (   )

(2)

(   ) (   )

2 담긴 양이 더 많은 것에 ○표 하세요.

(1)

(   ) (   )

(2)

(   ) (   )

3 알맞은 컵을 찾아 선으로 이어 보세요.

내 컵에 담을 수 있는 양이 더 많아. ·   ·

내 컵에 담을 수 있는 양이 더 적어. ·   ·

4 담을 수 있는 양이 가장 많은 것에 ○표 하세요.

(   ) (   ) (   )

보충해 봐!
Basic Book
23쪽

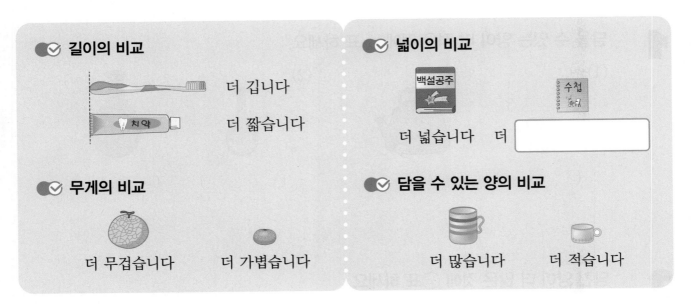

길이의 비교
더 깁니다
더 짧습니다

무게의 비교
더 무겁습니다   더 가볍습니다

넓이의 비교
백설공주   수첩
더 넓습니다   더 [   ]

담을 수 있는 양의 비교
더 많습니다   더 적습니다

---

1 더 무거운 것에 ◯표 하세요.

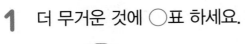

(   )   (   )

2 더 높은 것에 ◯표 하세요.

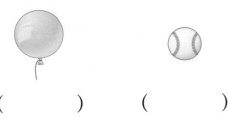

(   )   (   )

3 알맞게 선으로 이어 보세요.

· 가장 넓다

· 가장 좁다

4 가장 짧은 것에 △표 하세요.

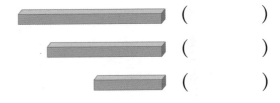

(   )
(   )
(   )

5 연필보다 더 긴 것에 ◯표 하세요.

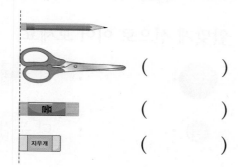

(   )

(   )

(   )

6 공책 보다 더 넓은 공책을 그려 보세요.

7 담긴 양이 가장 많은 것에 ◯표 하세요.

(   ) (   ) (   )

8 담을 수 있는 양이 가장 많은 것에 ◯표, 가장 적은 것에 △표 하세요.

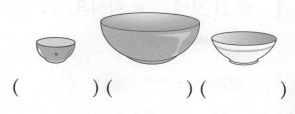

(   ) (   ) (   )

9 (?)에 들어갈 수 있는 쌓기나무에 ◯표 하세요.

(   ) (   ) (   )

교과서 역량 문제 💡

10 기태, 홍구, 지호 중 가장 가벼운 사람의 이름을 써 보세요.

기태   홍구   홍구   지호

➕ 시소는 위로 올라간 쪽이 더 가볍습니다.

(   )

단원 마무리

1 더 긴 것에 ○표 하세요.

(   )

(   )

2 더 좁은 것에 △표 하세요.

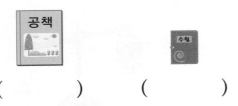

(   )   (   )

3 담을 수 있는 양이 더 많은 것에 ○표 하세요.

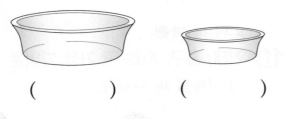

(   )   (   )

4 담긴 양이 더 적은 것에 △표 하세요.

(   )   (   )

5 알맞게 선으로 이어 보세요.

· 더 가볍다

· 더 무겁다

6 방석과 스케치북의 넓이를 비교해 보세요.

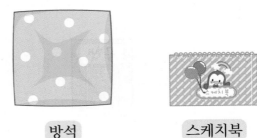

방석   스케치북

방석은 스케치북보다 더 (넓습니다 , 좁습니다).

잘 틀리는 문제 🔍

7 주어진 색 테이프보다 길이가 더 길게 되도록 색칠해 보세요.

● 정답과 풀이 **16**쪽

점수

확인

8 더 가벼운 것에 △표 하세요.

(   ) (   )

9 담을 수 있는 양을 비교하는 말을 모두 찾아 ○표 하세요.

| 많다 | 짧다 | 적다 |

(   ) (   ) (   )

10 꽃게와 새우의 무게를 비교하려고 합니다. ☐ 안에 알맞은 말을 써넣으세요.

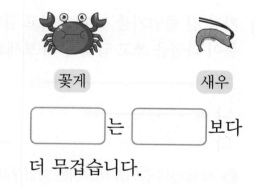

꽃게   새우

[   ]는 [   ]보다 더 무겁습니다.

11 가장 짧은 것에 △표 하세요.

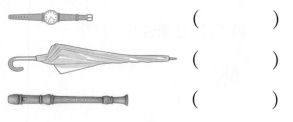

(   )

(   )

(   )

12  보다 더 넓은 액자를 그려 보세요.

13 가장 좁은 것에 △표 하세요.

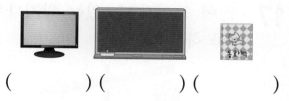

(   ) (   ) (   )

14 담을 수 있는 양이 가장 많은 것에 ○표, 가장 적은 것에 △표 하세요.

(   ) (   ) (   )

15 가장 무거운 것에 ○표, 가장 가벼운 것에 △표 하세요.

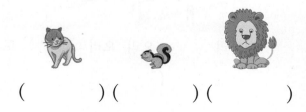

(   ) (   ) (   )

4단원

15강

16 포크보다 더 긴 것에 모두 ○표 하세요.

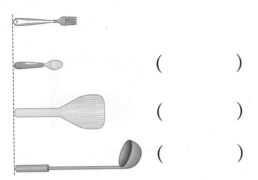

(   )

(   )

(   )

잘 틀리는 문제 🔍

17 ?에 들어갈 수 있는 쌓기나무에 ○표 하세요.

(   ) (   ) (   )

18 병아리, 오리, 토끼 중에서 가장 무거운 동물은 무엇일까요?

병아리   오리   오리   토끼

(   )

⋯ **서술형** 문제

19 책과 달력 중 더 넓은 것은 무엇인지 풀이 과정을 쓰고 답을 구해 보세요.

책   달력

❶ 넓이를 비교하는 방법 알아보기

풀이 _____

_____

❷ 더 넓은 것 구하기

풀이 _____

답 _____

20 가장 긴 줄넘기를 찾아 쓰려고 합니다. 풀이 과정을 쓰고 답을 구해 보세요.

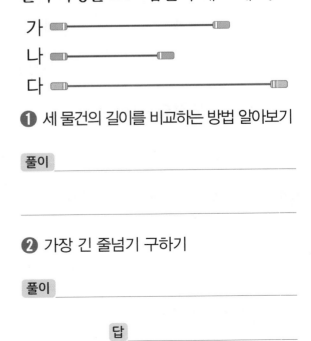

가

나

다

❶ 세 물건의 길이를 비교하는 방법 알아보기

풀이 _____

_____

❷ 가장 긴 줄넘기 구하기

풀이 _____

답 _____

수직 농부

수직 농부는 땅을 덜 사용하기 위해 여러 층으로 쌓아 올린
건물에서 곡식이나 채소를 키워요. 식물 재배에 열정이 가득한 사람,
도시에서도 자연과 접하며 일하고 싶은 사람에게 꼭 맞는 직업이에요!

⊙ 그림을 색칠하며 '수직 농부'라는 직업을 상상해 보세요.

5

50까지의 수

수를 세어 볼까요

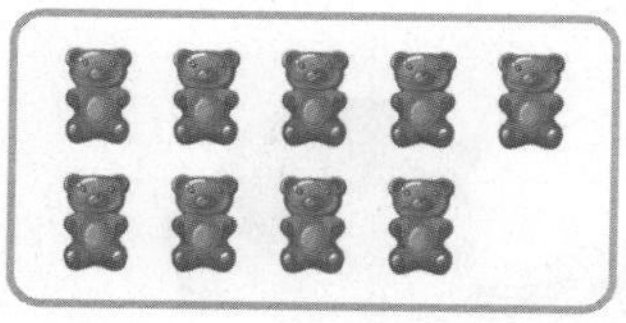
→ 9

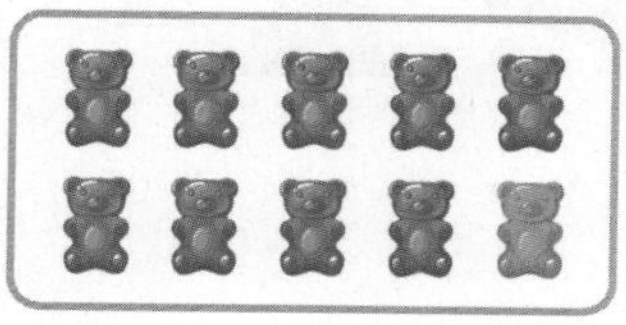
→ 10

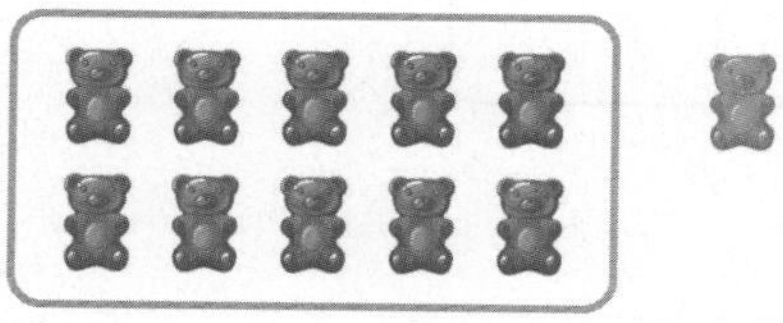
→ 11

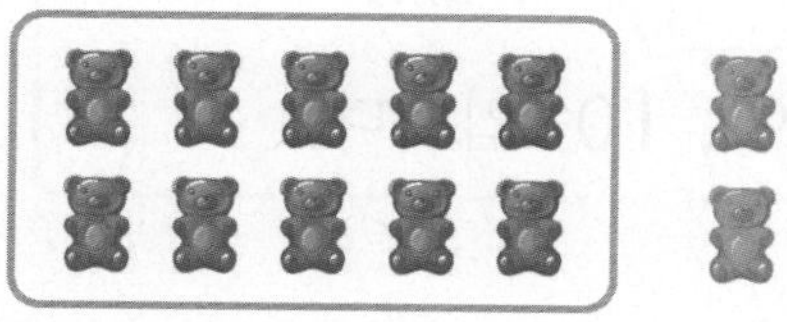
→ 12

⋮ ⋮

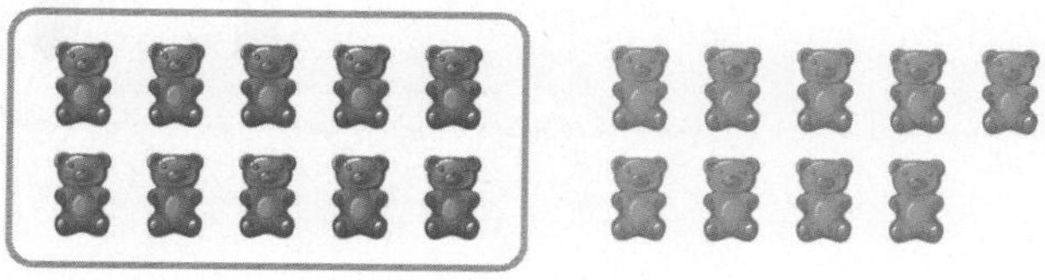
→ 19

10개씩 묶음 1개 낱개 9개

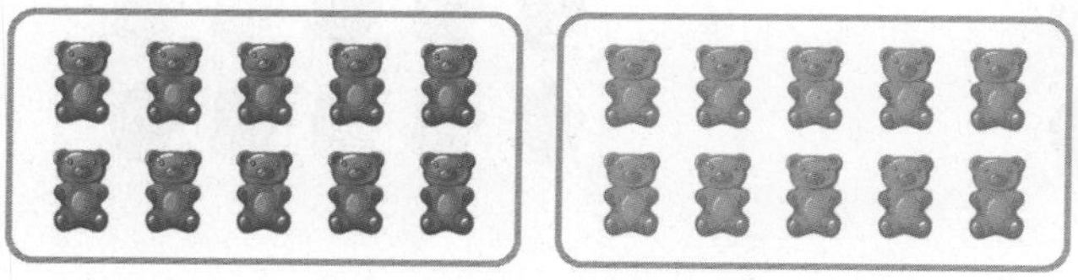
→ 20

10개씩 묶음 2개

10을 알아볼까요

1 민기와 소윤이가 딴 옥수수의 수를 세어 봅시다.

민기   소윤

(1) 옥수수의 수만큼 ◯를 그려 보세요.

(2) 옥수수의 수를 알아보세요.

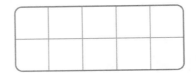

옥수수는 9개보다 ☐개 더 많습니다.

⇨ 옥수수의 수는 (9 , 10)입니다.

· 9보다 1만큼 더 큰 수를 **10**이라고 합니다.
· 10은 **십** 또는 **열**이라고 읽습니다.

2 모으기와 가르기를 해 봅시다.

(1)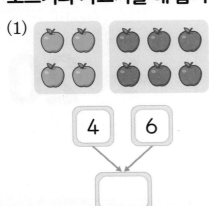

4   6

☐

(2)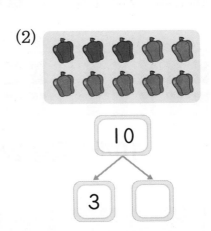

10

3   ☐

기본 문제

1 | 0을 찾아 ◯표 하세요.

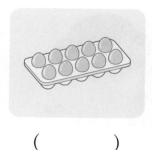

(   )

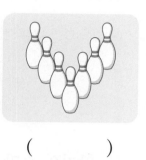

(   )

(   )

2 여러 가지 방법으로 수를 세어 보려고 합니다. 보기 에서 알맞은 말을 찾아 써 보세요.

보기

십, 열

(1) 당근의 수는 하나, 둘, 셋, 넷, 다섯, 여섯, 일곱, 여덟, 아홉, ☐ 입니다.

(2) 당근의 수는 일, 이, 삼, 사, 오, 육, 칠, 팔, 구, ☐ 입니다.

3 그림을 보고 모으기를 해 보세요.

(1)
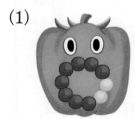

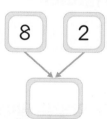

(2)
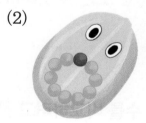

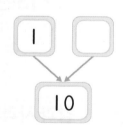

4 그림을 보고 가르기를 해 보세요.

(1)
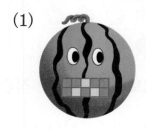

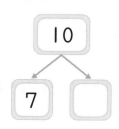

(2)
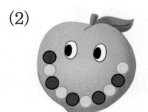

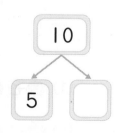

보충해 봐!
Basic
Book
24쪽

2 십몇을 알아볼까요

1 규민이와 리효가 딴 딸기의 수를 세어 봅시다.

(1) 딸기의 수만큼 ◯를 그려 보세요.

(2) 딸기의 수를 알아보세요.

> 딸기는 10개씩 묶음 1개와 낱개 [ ] 개입니다.
>
> ⇨ 딸기의 수는 (10 , 13)입니다.

- **10개씩 묶음 1개와 낱개 3개를 13**이라고 합니다.
- **13**은 **십삼** 또는 **열셋**이라고 읽습니다.

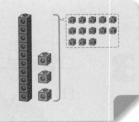

2 감과 사과의 수를 비교하려고 합니다. 알맞은 말에 ◯표 해 봅시다.

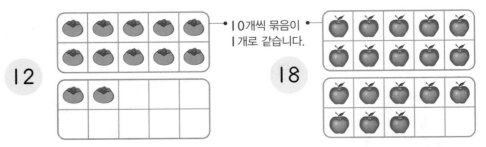

10개씩 묶음이
1개로 같습니다.

12   18

(1) 🍅은 🍎보다 (많습니다 , 적습니다). ⇨ 12는 18보다 (큽니다 , 작습니다).

(2) 🍎는 🍅보다 (많습니다 , 적습니다). ⇨ 18은 12보다 (큽니다 , 작습니다).

5 단원
16강

1 10개씩 묶고, 수로 나타내 보세요.

(1)

(2)

2 알맞게 선으로 이어 보세요.

19 · · 십육(열여섯)

16 · · 십삼(열셋)

13 · · 십구(열아홉)

3 그림을 보고 ☐ 안에 알맞은 수를 써넣고, 알맞은 말에 ◯표 하세요.

 17   ☐

17은 ☐ 보다 (큽니다 , 작습니다).

보충해 봐!
Basic Book
25쪽

5. 50까지의 수 **91**

3 모으기와 가르기를 해 볼까요

1 바둑돌을 이용하여 모으기를 해 봅시다.

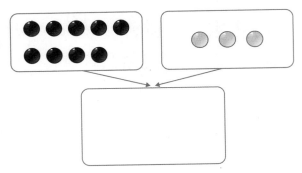

(1) 검은 바둑돌과 흰 바둑돌을 모으면 모두 몇 개인지 위 그림의 빈칸에 ◯를 그려 보세요.

(2) 9와 3을 모으기하면 얼마인지 오른쪽 빈칸에 알맞은 수를 써넣으세요.

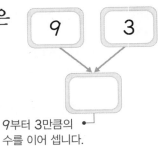

9부터 3만큼의 수를 이어 셉니다.

2 바둑돌을 이용하여 가르기를 해 봅시다.

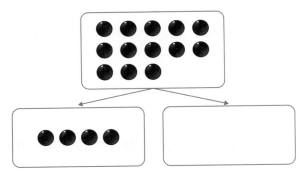

(1) 위 그림의 바둑돌 13개 중 4개만큼 /으로 지우고, 남은 바둑돌의 수만큼 빈칸에 ◯를 그려 보세요.

(2) 13은 4와 어느 수로 가르기할 수 있는지 오른쪽 빈칸에 알맞은 수를 써넣으세요.

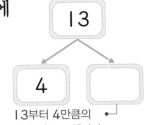

13부터 4만큼의 수를 거꾸로 셉니다.

기본 문제

▶ 정답과 풀이 **18**쪽

1 그림을 보고 모으기를 해 보세요.

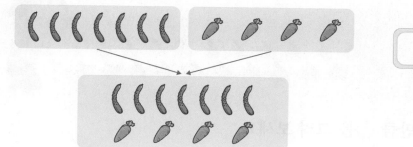

7	

2 그림을 보고 가르기를 해 보세요.

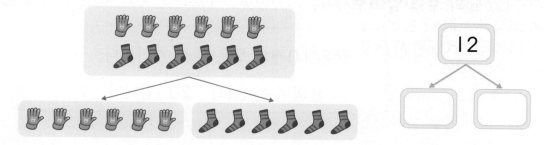

12

3 모으기를 해 보세요.

(1)
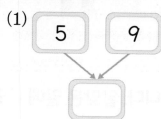

(2)
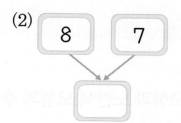

4 가르기를 해 보세요.

(1)
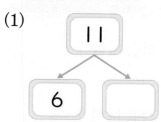

(2)
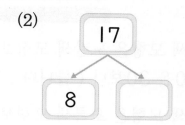

보충해 봐!
Basic
Book
26쪽

10개씩 묶어 세어 볼까요

1 유안이가 딴 귤의 수를 세어 봅시다.

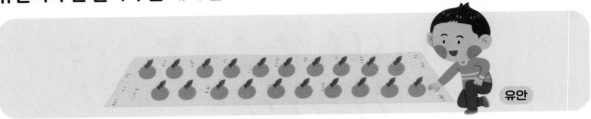

(1) 귤의 수만큼 ◯를 그려 보세요.

(2) 귤의 수를 알아보세요.

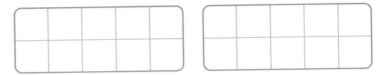

귤은 10개씩 묶음 ☐ 개입니다.

⇨ 귤의 수는 (10 , 20)입니다.

· 10개씩 묶음 2개를 **20**이라고 합니다.

· 20은 **이십** 또는 **스물**이라고 읽습니다.

---

2 초록색 모형과 노란색 모형의 수를 비교하려고 합니다. 알맞은 말에 ◯표 해 봅시다.

40   30

(1) 초록색 모형은 노란색 모형보다 (많습니다 , 적습니다).

⇨ 40은 30보다 (큽니다 , 작습니다).

(2) 노란색 모형은 초록색 모형보다 (많습니다 , 적습니다).

⇨ 30은 40보다 (큽니다 , 작습니다).

기본 문제

1 10개씩 묶고, 수로 나타내 보세요.

2 알맞게 선으로 이어 보세요.

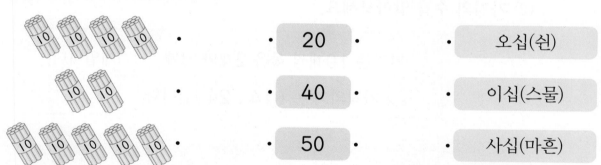

	20	오십(쉰)
	40	이십(스물)
	50	사십(마흔)

3 그림을 보고 ⬜ 안에 알맞은 수를 써넣고, 알맞은 말에 ◯표 하세요.

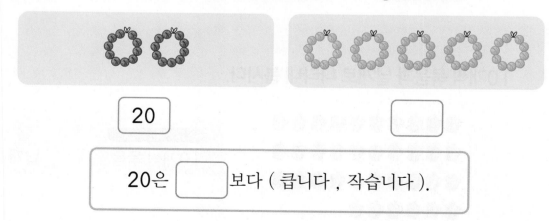

20

20은 ⬜ 보다 (큽니다 , 작습니다).

복습해 봐!
Basic
Book
27쪽

5 50까지의 수를 세어 볼까요

1 진이와 시윤이가 딴 가지의 수를 세어 봅시다.

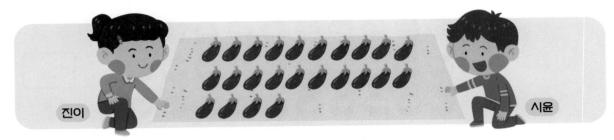

진이   시윤

(1) 가지의 수만큼 ◯를 그려 보세요.

(2) 가지의 수를 알아보세요.

> 가지는 10개씩 묶음 2개와 낱개 [   ]개입니다.
>
> ⇨ 가지의 수는 (14 , 24)입니다.

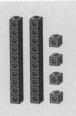

• 10개씩 묶음 2개와 낱개 4개를 24라고 합니다.
• 24는 이십사 또는 스물넷이라고 읽습니다.

2 10개씩 묶음과 낱개로 나타내 봅시다.

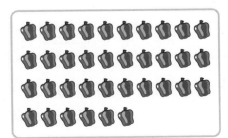

10개씩 묶음	낱개

기본 문제

1 10개씩 묶고, 수로 나타내 보세요.

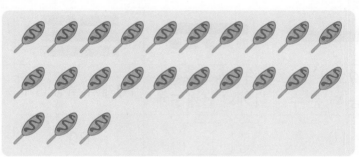

2 과일의 수를 세어 ☐ 안에 써넣고, 빈칸에 알맞은 수를 써넣으세요.

이름	10개씩 묶음	낱개
참외 ◯	2	
복숭아 ◍		8

3 알맞게 선으로 이어 보세요.

 · · 42 · · 이십오(스물다섯)

 · · 37 · · 삼십칠(서른일곱)

 · · 25 · · 사십이(마흔둘)

보충해 봐!

Basic Book
28쪽

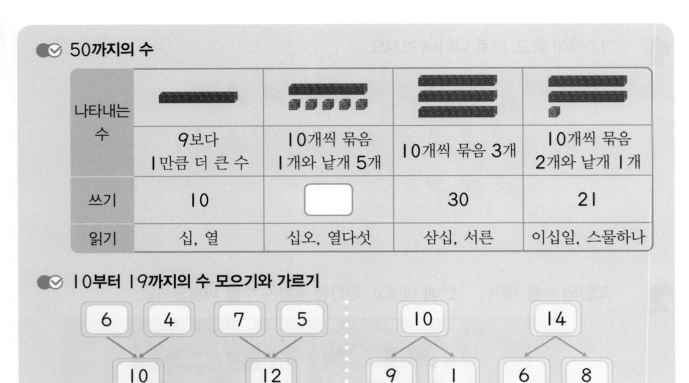

✓ 50까지의 수

나타내는 수	9보다 1만큼 더 큰 수	10개씩 묶음 1개와 낱개 5개	10개씩 묶음 3개	10개씩 묶음 2개와 낱개 1개
쓰기	10		30	21
읽기	십, 열	십오, 열다섯	삼십, 서른	이십일, 스물하나

✓ 10부터 19까지의 수 모으기와 가르기

6 4 → 10

7 5 → 12

10 → 9 1

14 → 6 8

1 ☐ 안에 알맞은 수를 써넣으세요.

> 9보다 1만큼 더 큰 수는
> ☐ 입니다.

2 수를 세어 ☐ 안에 알맞은 수를 써넣으세요.

☐

3 가르기를 해 보세요.

10

☐ 5

4 알맞게 선으로 이어 보세요.

27   46

이십칠   사십칠   사십육

스물일곱   마흔여섯   마흔둘

▶ 정답과 풀이 **19**쪽

5 10을 알맞게 읽은 것에 ○표 하세요.

과자가 10(십 , 열) 개 있습니다.

9 복숭아가 10개씩 묶음 3개 있습니다.
복숭아는 모두 몇 개일까요?

( )

6 10이 되도록 ○를 그리고, ☐ 안에
알맞은 수를 써넣으세요.

8과 ☐ 를 모으기하면 10이 됩니다.

10 수수깡의 수를 세어 빈칸에 써넣고,
☐ 안에 알맞은 수를 써넣으세요.

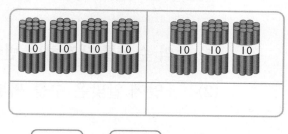

☐ 은 ☐ 보다 큽니다.

7 빈칸에 알맞은 수를 써넣으세요.

수	10개씩 묶음	낱개
15	1	
50	5	
43		3
	3	9

교과서 역량 문제 💡

11 두 가지 방법으로 가르기를 해 보세요.

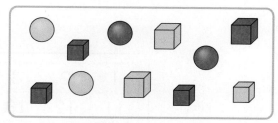

같은 모양	같은 색깔
11	11

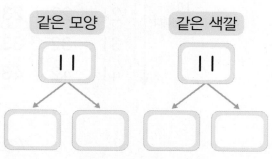

➕ 🟫 모양과 🔵 모양의 수로, 빨간색과 노란색의
수로 가르기합니다.

8 모으기하면 17이 되는 것에 ○표 하
세요.

6, 10   9, 8

( )   ( )

6 50까지 수의 순서를 알아볼까요

1 1부터 50까지 수의 순서를 알아봅시다.

1	2	3	4	5	6	7	8	9	10
11	12		14	15	16	17	18	19	20
21		23	24	25	26				30
	32	33			36	37	38	39	
41	42	43				47	48	49	50

(1) 수의 순서를 생각하여 빈칸에 알맞은 수를 써넣으세요.

(2) ☐ 안에 알맞은 수를 써넣으세요.

- 45보다 1만큼 더 작은 수는 ☐ 입니다.

- 45보다 1만큼 더 큰 수는 ☐ 입니다.

1씩 커집니다.

	1	2	3	4	5	6	7	8	9	10
	11	12	13	14	15	16	17	18	19	20
10씩 커집니다.	21	22	23	24	25	26	27	28	29	30
	31	32	33	34	35	36	37	38	39	40
	41	42	43	44	45	46	47	48	49	50

- 45보다 1만큼 더 작은 수는 44입니다.
  바로 앞의 수

- 45보다 1만큼 더 큰 수는 46입니다.
  바로 뒤의 수

기본 문제

1 빈칸에 알맞은 수를 써넣으세요.

(1) | 13 | | | 15 | |

(2) | | 22 | | 23 | |

2 수를 순서대로 이어 그림을 완성해 보세요.

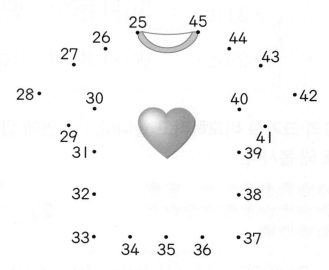

3 수를 순서대로 써 보세요.

21			24
17			
	14	15	16
9	10	11	
5	6	7	8
1	2	3	4

보충해 봐!
Basic
Book
29쪽

수의 크기를 비교해 볼까요

1 31과 28의 크기를 비교하려고 합니다. ☐ 안에 알맞은 수를 써넣고, 알맞은 말에 ○표 해 봅시다.

> 31과 28의 10개씩 묶음의 수를 비교하면
> 3은 2보다 (큽니다 , 작습니다).
>
> • 31은 ☐ 보다 (큽니다 , 작습니다).
>
> • 28은 ☐ 보다 (큽니다 , 작습니다).

2 24와 27의 크기를 비교하려고 합니다. ☐ 안에 알맞은 수를 써넣고, 알맞은 말에 ○표 해 봅시다.

> 24와 27의 10개씩 묶음의 수는 같으므로
> 낱개의 수를 비교하면 4는 7보다 (큽니다 , 작습니다).
>
> • 24는 ☐ 보다 (큽니다 , 작습니다).
>
> • 27은 ☐ 보다 (큽니다 , 작습니다).

• 10개씩 묶음의 수가 **다르면** 10개씩 묶음의 수가 **클수록** 더 큰 수입니다.

    ⌜ 31은 28보다 큽니다.
    ⌞ 28은 31보다 작습니다.

• 10개씩 묶음의 수가 **같으면** 낱개의 수가 **클수록** 더 큰 수입니다.

    ⌜ 27은 24보다 큽니다.
    ⌞ 24는 27보다 작습니다.

기본 문제

1 그림을 보고 ☐ 안에 알맞은 수를 써넣으세요.

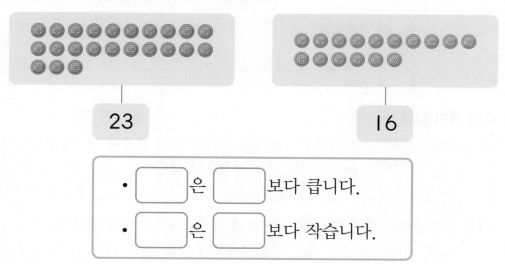

23   16

- ☐ 은 ☐ 보다 큽니다.
- ☐ 은 ☐ 보다 작습니다.

2 더 큰 수에 ◯표 하세요.

(1)
41   35

(2)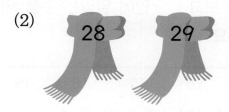
28   29

3 더 작은 수에 △표 하세요.

(1)
26   45

(2)
37   32

4 세 수 중 가장 큰 수를 구하려고 합니다. 알맞은 말이나 수에 ◯표 하세요.

15   38   40

(1) 10개씩 묶음의 수를 비교하면 4가 가장 (큽니다 , 작습니다).

(2) 15, 38, 40 중 가장 큰 수는 (15 , 38 , 40)입니다.

보충해 봐!
Basic
Book
30쪽

개념 확인 실력 문제

✅ **50까지 수의 순서**

| 1만큼 더 작은 수 | | 1만큼 더 큰 수 |

27 — 28 — ☐

✅ **수의 크기 비교**

• 10개씩 묶음의 수가 다르면 10개씩 묶음의 수가 클수록 더 큰 수입니다.

예 **36**은 **17**보다 큽니다.

3은 1보다 큽니다.

• 10개씩 묶음의 수가 같으면 낱개의 수가 클수록 더 큰 수입니다.

예 **42**는 **48**보다 작습니다.

2는 8보다 작습니다.

---

1 그림을 보고 ☐ 안에 알맞은 수를 써넣으세요.

15   16   17   18   19

16보다 1만큼 더 큰 수는

☐ 입니다.

2 빈칸에 알맞은 수를 써넣으세요.

(1)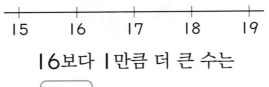

24 ◯ 26 ◯

(2)

39 ◯ ◯ 42

3 더 큰 수에 ◯표 하세요.

(1)

| 18 | 21 |

(2)

| 49 | 45 |

4 수를 순서대로 이어 그림을 완성해 보세요.

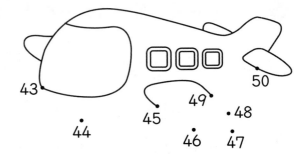

5 가장 작은 수를 찾아 △표 하세요.

(1)
| 33 | 27 | 41 |

(2)
| 25 | 43 | 19 |

6 더 작은 수에 △표 하세요.

마흔다섯   삼십칠

(   )   (   )

7 작은 수부터 순서대로 써 보세요.

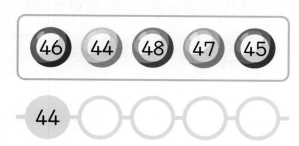

46 44 48 47 45

44 ○ ○ ○ ○

8 조개껍데기를 지미는 36개, 승원이는 31개 모았습니다. 조개껍데기를 더 많이 모은 사람은 누구일까요?

(   )

🔍 버스의 자리 번호를 나타낸 것입니다. 물음에 답하세요. [9~10]

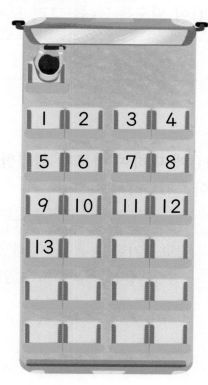

9 유라의 자리 번호는 23입니다. 버스에서 유라의 자리를 찾아 수를 써넣으세요.

교과서 역량 문제 💡

10 준우의 자리 번호는 유라의 자리 번호보다 1만큼 더 작은 수입니다. 준우의 자리를 찾아 ○표 하세요.

11 큰 수부터 순서대로 써 보세요.

| 43 | 47 | 40 |

(,   ,   )

➕ 10개씩 묶음의 수가 같으면 낱개의 수가 클수록 더 큰 수입니다.

단원 마무리

1 10이 되도록 △를 그려 보세요.

△ △ △ △ △

2 10에 대하여 바르게 설명한 것을 찾아 ○표 하세요.

4와 6을 모으기한 수입니다.	9보다 1만큼 더 작은 수입니다.
( )	( )

3 수를 세어 ☐ 안에 알맞은 수를 써넣으세요.

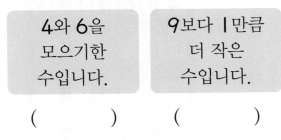

☐

4 모으기를 해 보세요.

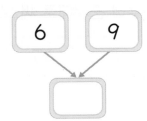

5 수로 나타내 보세요.

스물여섯 ⇨ ☐

6 ☐ 안에 알맞은 수를 써넣으세요.

30은 10개씩 묶음 ☐개이고,

☐은 10개씩 묶음 4개이다.

7 빈칸에 알맞은 수를 써넣으세요.

33 ☐ 35 ☐

8 나타내는 수가 <u>다른</u> 하나를 찾아 ○표 하세요.

열넷	14	십사	열셋
( )	( )	( )	( )

▶ 정답과 풀이 21쪽

9 더 작은 수에 △표 하세요.

| 23 | 50 |

잘 틀리는 문제 🔍

10 수를 잘못 읽은 것은 어느 것일까요? (　　　　)

① 29 – 이십구
② 40 – 쉰
③ 35 – 서른다섯
④ 17 – 십칠
⑤ 48 – 마흔여덟

11 밑줄 친 수 10을 읽는 방법이 다른 하나를 찾아 기호를 써 보세요.

┌─────────────────────────────┐
│ ㉠ 서희는 10년 후면 18살입니다. │
│ ㉡ 내 생일은 5월 10일입니다. │
│ ㉢ 사탕이 10개 있습니다. │
│ ㉣ 진모는 아파트 10층에 삽니다. │
└─────────────────────────────┘

(　　　　　　　　　)

12 동생이 달걀을 10개씩 묶음 5개 사 왔습니다. 동생이 사 온 달걀은 모두 몇 개일까요?

(　　　　　　　　　)

13 윤지는 구슬을 27개 가지고 있습니다. 윤지가 가지고 있는 구슬은 10개씩 묶음 2개와 낱개 몇 개일까요?

(　　　　　　　　　)

14 두 수를 모으기한 수가 다른 하나를 찾아 ○표 하세요.

| 10, 5 | 8, 7 | 9, 9 |

(　　　　) (　　　　) (　　　　)

15 ▨은 몇 개인지 세어 보세요.

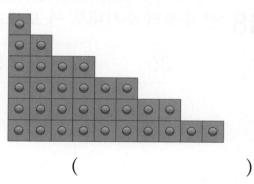

(　　　　　　　　　)

16 빈칸에 알맞은 수를 써넣으세요.

19			22		24
25		27		29	

잘 틀리는 문제 🔍

17 서로 <u>다른</u> 두 가지 방법으로 가르기를 해 보세요.

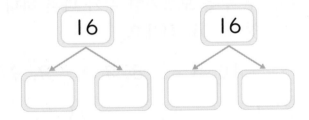

18 큰 수부터 순서대로 써 보세요.

36	17	45

(,   ,   )

💬 서술형 문제

19 콩 12개를 두 접시에 나누어 담으려고 합니다. 한 접시에 4개를 담으면 다른 접시에는 몇 개를 담아야 하는지 풀이 과정을 쓰고 답을 구해 보세요.

❶ 12는 4와 몇으로 가르기할 수 있는지 알아보기

풀이 _____

❷ 다른 접시에 담아야 하는 콩의 수 구하기

풀이 _____

답 _____

20 감을 혜주는 29개, 지호는 25개를 가지고 있습니다. 감을 더 많이 가지고 있는 사람은 누구인지 풀이 과정을 쓰고 답을 구해 보세요.

❶ 두 수의 크기 비교하기

풀이 _____

❷ 감을 더 많이 가지고 있는 사람 구하기

풀이 _____

답 _____

교과서 개념잡기

정답과 풀이

초등 수학 **1·1**

ABOVE IMAGINATION

우리는 남다른 상상과 혁신으로
교육 문화의 새로운 전형을 만들어
모든 이의 행복한 경험과 성장에 기여한다

교과서
개념
잡기

정답과 풀이

초등 수학

1·1

정답과 풀이

1 9까지의 수

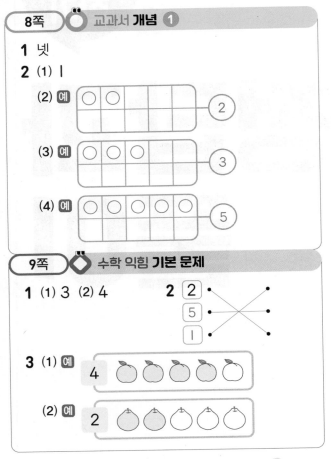

8쪽 교과서 개념 ①

1 넷
2 (1) ㅣ
  (2) 예 → 2
  (3) 예 → 3
  (4) 예 → 5

9쪽 수학 익힘 기본 문제

1 (1) 3 (2) 4
2 2·
  5·
  ㅣ·
3 (1) 예 4
  (2) 예 2

1 (1) 딸기의 수를 세어 보면 하나, 둘, 셋이므로 3입니다.
  (2) 바나나의 수를 세어 보면 하나, 둘, 셋, 넷이므로 4입니다.
2 • 사과의 수는 2입니다. 2는 '둘' 또는 '이'라고 읽습니다.
  • 귤의 수를 세어 보면 하나, 둘, 셋, 넷, 다섯이므로 5입니다. 5는 '다섯' 또는 '오'라고 읽습니다.
  • 멜론의 수를 세어 보면 하나이므로 ㅣ입니다. ㅣ은 '하나' 또는 '일'이라고 읽습니다.
3 (1) 4는 '넷' 또는 '사'이므로 하나부터 넷까지 세면서 색칠합니다.
  (2) 2는 '둘' 또는 '이'이므로 하나부터 둘까지 세면서 색칠합니다.

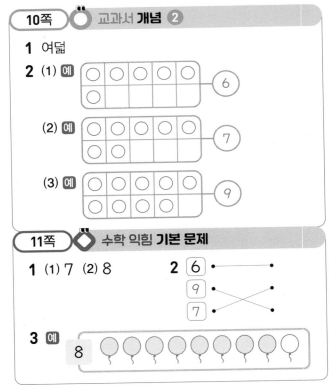

10쪽 교과서 개념 ②

1 여덟
2 (1) 예 → 6
  (2) 예 → 7
  (3) 예 → 9

11쪽 수학 익힘 기본 문제

1 (1) 7 (2) 8
2 6·
  9·
  7·
3 예 8

1 (1) 무당벌레의 수를 세어 보면 하나, 둘, 셋, 넷, 다섯, 여섯, 일곱이므로 7입니다.
  (2) 벌의 수를 세어 보면 하나, 둘, 셋, 넷, 다섯, 여섯, 일곱, 여덟이므로 8입니다.
2 • 잠자리의 수는 6입니다. 6은 '여섯' 또는 '육'이라고 읽습니다.
  • 나비의 수를 세어 보면 하나, 둘, 셋, 넷, 다섯, 여섯, 일곱, 여덟, 아홉이므로 9입니다. 9는 '아홉' 또는 '구'라고 읽습니다.
  • 달팽이의 수를 세어 보면 하나, 둘, 셋, 넷, 다섯, 여섯, 일곱이므로 7입니다. 7은 '일곱' 또는 '칠'이라고 읽습니다.
3 8은 '여덟' 또는 '팔'이므로 하나부터 여덟까지 세면서 색칠합니다.

12쪽 교과서 개념 ③

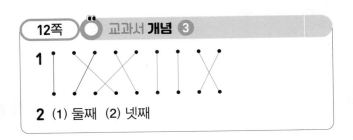

1
2 (1) 둘째 (2) 넷째

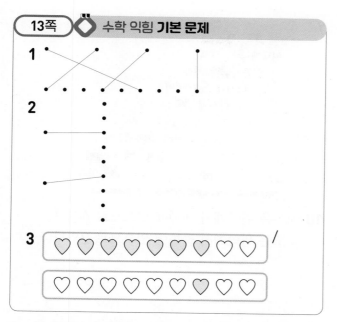

1 앞에서부터 첫째, 둘째, 셋째, 넷째, 다섯째, 여섯째, 일곱째, 여덟째, 아홉째입니다.

2
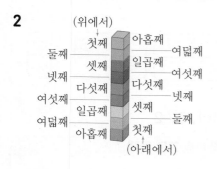

3 보기 처럼 개수를 나타내는 '일곱'은 ♡ 7개에 색칠하고, 순서를 나타내는 '일곱째'는 일곱째에 있는 ♡ 1개에만 색칠합니다.

참고 • 수를 세기: 하나, 둘, 셋, 넷, 다섯, 여섯, 일곱, 여덟, 아홉
• 수로 순서를 나타내기: 첫째, 둘째, 셋째, 넷째, 다섯째, 여섯째, 일곱째, 여덟째, 아홉째

1 (1) 7, 8, 9 (2) 3, 2, 1

1 (1)

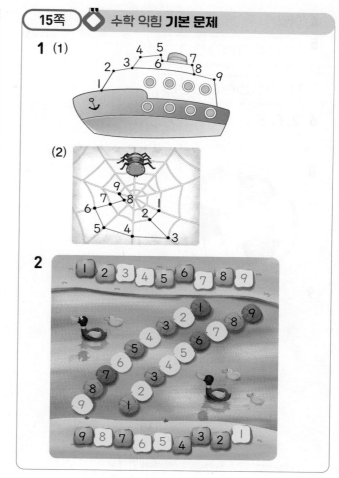

(2)

2

1 수의 순서대로 점을 잇습니다.

2 • 1부터 9까지의 수를 순서대로 쓰면 1, 2, 3, 4, 5, 6, 7, 8, 9입니다.
• 9부터 1까지 순서를 거꾸로 하여 쓰면 9, 8, 7, 6, 5, 4, 3, 2, 1입니다.

4 / 8

1 8, 3 　　　　**2** 둘, 이

3 예
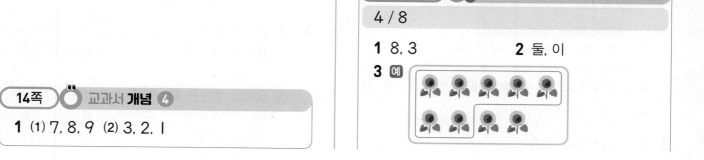

4 여덟

5
○○○○○○○○○○ /

○○○○○○○○○○

6 2, 6, 8

7

8
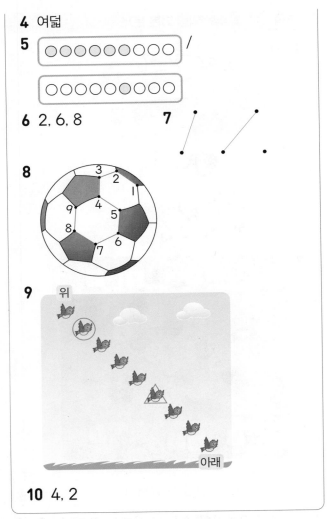

9
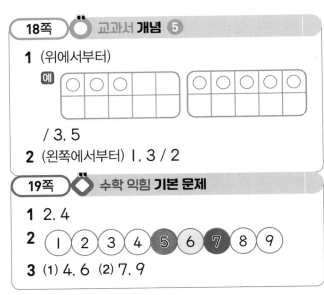
위

아래

10 4, 2

9

10 레몬은 왼쪽에서 넷째에 있으므로 4이고,
포도는 왼쪽에서 둘째에 있으므로 2입니다.

---

2 2는 '둘' 또는 '이'라고 읽습니다.

3 7은 '일곱' 또는 '칠'이므로 하나부터 일곱까지 세면서 묶습니다.

4 5는 '다섯' 또는 '오'라고 읽습니다.

5 보기 처럼 개수를 나타내는 '여섯'은 ○ 6개에 색칠하고, 순서를 나타내는 '여섯째'는 여섯째에 있는 ○ 1개에만 색칠합니다.

6
첫째　셋째　다섯째 일곱째 아홉째

(왼쪽)　둘째　넷째　여섯째 여덟째

① ② ③ ④ ⑤ ⑥ ⑦ ⑧ ⑨

여덟째 여섯째　넷째　둘째　(오른쪽)

아홉째 일곱째 다섯째　셋째　첫째

1부터 9까지의 수를 순서대로 쓰면 1, 2, 3, 4, 5, 6, 7, 8, 9입니다.

8 수의 순서대로 점을 잇습니다.

18쪽 교과서 **개념** ⑤

1 (위에서부터)

예
○	○	○		

○	○	○	○	○

/ 3, 5

2 (왼쪽에서부터) 1, 3 / 2

19쪽 수학 익힘 **기본 문제**

1 2, 4

2 ① ② ③ ④ ⑤ ⑥ ⑦ ⑧ ⑨

3 (1) 4, 6 (2) 7, 9

---

1 3보다 1만큼 더 큰 수는 3 바로 뒤의 수인 4이고, 1만큼 더 작은 수는 3 바로 앞의 수인 2입니다.

2 6보다 1만큼 더 큰 수는 6 바로 뒤의 수인 7이고, 1만큼 더 작은 수는 6 바로 앞의 수인 5입니다.
따라서 7에 파란색, 5에 빨간색을 칠합니다.

3 (1) 5보다 1만큼 더 큰 수는 5 바로 뒤의 수인 6이고, 1만큼 더 작은 수는 5 바로 앞의 수인 4입니다.
(2) 8보다 1만큼 더 큰 수는 8 바로 뒤의 수인 9이고, 1만큼 더 작은 수는 8 바로 앞의 수인 7입니다.

20쪽 교과서 **개념 ⑥**

1 0   **2** 1, 0

21쪽 수학 익힘 **기본 문제**

1 1, 0
2 (1) 3, 2, 1, 0   (2) 0, 1, 2, 3
3 1, 0, 4

1 과자가 둘이면 2, 하나이면 1, 아무것도 없으면 0입니다.

2 (1) 콩이 셋이면 3, 둘이면 2, 하나이면 1, 아무것도 없으면 0입니다.
   (2) 콩이 아무것도 없으면 0, 하나이면 1, 둘이면 2, 셋이면 3입니다.

3 펼친 손가락의 수가 하나이면 1, 아무것도 없으면 0, 넷이면 4입니다.

22쪽 교과서 **개념 ⑦**

1 2, 5 / 적습니다, 작습니다 / 많습니다, 큽니다
2 7 / 7

23쪽 수학 익힘 **기본 문제**

1 많습니다 / 큽니다
2 예
  4 ⬜⬜⬜⬜

  예
  9 ⬜⬜⬜⬜⬜
     ⬜⬜⬜⬜

  / 작습니다 / 큽니다
3 (1) 3   (2) 7   **4** (1) 8   (2) 2

2 ◯의 수를 비교하면 4는 9보다 적습니다.
따라서 4는 9보다 작고, 9는 4보다 큽니다.

3 (1) 수를 순서대로 썼을 때 3은 1보다 뒤에 있는 수입니다. ⇨ 3은 1보다 큽니다.
   (2) 수를 순서대로 썼을 때 7은 5보다 뒤에 있는 수입니다. ⇨ 7은 5보다 큽니다.

4 (1) 수를 순서대로 썼을 때 8은 9보다 앞에 있는 수입니다. ⇨ 8은 9보다 작습니다.
   (2) 수를 순서대로 썼을 때 2는 4보다 앞에 있는 수입니다. ⇨ 2는 4보다 작습니다.

24~25쪽 교과서 개념 **확인 ➕ 수학 익힘 실력 문제**

3, 7

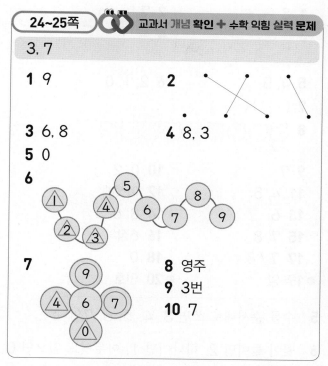

1 9   **2**

3 6, 8   **4** 8, 3
5 0
6

7   **8** 영주
                9 3번
                10 7

3 7보다 1만큼 더 큰 수는 8이고, 1만큼 더 작은 수는 6입니다.

4 귤과 감을 하나씩 연결하였을 때 귤이 남으므로 귤은 감보다 많습니다. ⇨ 8은 3보다 큽니다.

5 어항에 초록색 물고기는 없으므로 초록색 물고기의 수는 0입니다.

6 1, 2, 3, 4는 5보다 앞에 있는 수입니다.
⇨ 5보다 작은 수는 1, 2, 3, 4입니다.

7 6보다 작은 수는 0과 4이고, 6보다 큰 수는 7과 9입니다.

8 수를 순서대로 썼을 때 9는 7보다 뒤에 있는 수이므로 9는 7보다 큽니다.
따라서 딸기를 더 많이 먹은 사람은 영주입니다.

9 4보다 1만큼 더 작은 수는 3이므로 수지가 어제 넘은 줄넘기는 3번입니다.

10 5, 4, 7을 순서대로 쓰면 4, 5, 7이므로 가장 큰 수는 7입니다.

13 수를 순서대로 썼을 때 6은 5보다 뒤에 있는 수입니다.
⇨ 6은 5보다 큽니다.

14 9부터 순서를 거꾸로 하여 쓰면 9, 8, 7, 6, 5입니다.

15 7, 8은 6보다 뒤에 있는 수입니다.
⇨ 6보다 큰 수는 7, 8입니다.

16 5보다 1만큼 더 큰 수는 6이므로 현수가 내일 읽을 책은 6장입니다.

17 · 8은 ㉠보다 1만큼 더 큰 수입니다.
⇨ ㉠은 8보다 1만큼 더 작은 수인 7입니다.
· 7은 ㉡보다 1만큼 더 작은 수입니다.
⇨ ㉡은 7보다 1만큼 더 큰 수인 8입니다.

18 8, 0, 1을 순서대로 쓰면 0, 1, 8이므로 가장 작은 수는 0입니다.

💬**19** ❶ 예 기린의 수를 세어 보면 3, 양의 수를 세어 보면 2입니다.
❷ 예 수가 2인 것은 양입니다.

채점 기준	
❶ 기린과 양의 수 각각 세어 보기	3점
❷ 수가 2인 것 구하기	2점

💬**20** ❶ 예 수를 순서대로 썼을 때 6은 8보다 앞에 있는 수이므로 6은 8보다 작습니다.
❷ 예 과자를 더 적게 만든 사람은 민호입니다.

채점 기준	
❶ 8과 6의 크기 비교하기	3점
❷ 과자를 더 적게 만든 사람 구하기	2점

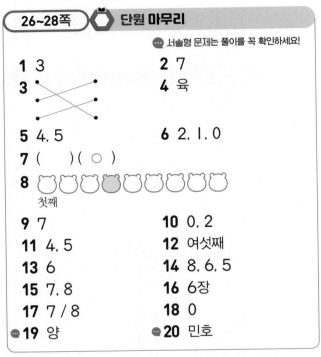

| 26~28쪽 | 단원 마무리 |

💬 서술형 문제는 풀이를 꼭 확인하세요!

1 3

2 7

3 (선 연결)

4 육

5 4, 5

6 2, 1, 0

7 ( ) (○)

8 🐻🐻🐻🐻🐻🐻🐻🐻🐻
첫째

9 7

10 0, 2

11 4, 5

12 여섯째

13 6

14 8, 6, 5

15 7, 8

16 6장

17 7 / 8

18 0

💬**19** 양

💬**20** 민호

---

5 수를 순서대로 쓰면 3, 4, 5, 6, 7입니다.

6 꽃이 둘이면 2, 하나이면 1, 아무것도 없으면 0입니다.

7 3보다 1만큼 더 큰 수는 4이므로 4를 나타내는 것을 찾습니다.

8 🐻🐻🐻🐻🐻🐻🐻🐻🐻
첫째 | 셋째 | 다섯째 | 일곱째 | 아홉째
둘째 | 넷째 | 여섯째 | 여덟째

9 고양이의 수를 세어 보면 여덟이므로 8입니다.
따라서 8보다 1만큼 더 작은 수는 7입니다.

10 1보다 1만큼 더 큰 수는 2이고, 1만큼 더 작은 수는 0입니다.

11 귤의 수를 세어 보면 5, 딸기의 수를 세어 보면 4입니다.
따라서 4는 5보다 작습니다.

12 ○△□☆▽♡♤◇♣
첫째 | 셋째 | 다섯째 | 일곱째 | 아홉째
둘째 | 넷째 | 여섯째 | 여덟째

미래 직업을 알아봐요!

우주 건축가

2 여러 가지 모양

32쪽 교과서 **개념 1**

1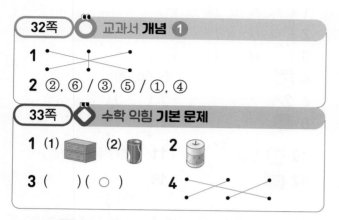

2 ②, ⑥ / ③, ⑤ / ①, ④

33쪽 수학 익힘 **기본 문제**

1 (1) ▨ (2) ▨   **2** ▨

3 (   )(○)

4 (선 연결 문제)

---

1 (1) ▨ 모양은 서랍장입니다.

(2) ▨ 모양은 음료수 캔입니다.

2 통조림통은 ▨ 모양입니다.
따라서 통조림통과 같은 모양의 물건은 양초입니다.

3 • 선물 상자, 두유 ⇨ ▨ 모양,
분유 통 ⇨ ▨ 모양
• 농구공, 야구공, 비치 볼 ⇨ ◯ 모양

4 김밥과 탬버린은 ▨ 모양, 떡과 필통은 ▨ 모양, 수박과 당구공은 ◯ 모양입니다.

34쪽 교과서 **개념 2**

1 (1) ▨ (2) ▨ (3) ◯

2 (1) ▨ (2) ▨ (3) ◯

35쪽 수학 익힘 **기본 문제**

1 (   )(○)(   )

2 (선 연결 문제)

3 (   )(   )(○)

---

1 평평한 부분과 뾰족한 부분이 있는 모양은 ▨ 모양입니다.
따라서 설명하는 모양의 물건은 구급상자입니다.

2 • 굴러가려면 둥근 부분이 있어야 합니다.
• 쌓을 수 있으려면 평평한 부분이 있어야 합니다.

3 쌓을 수 없는 모양은 ◯ 모양입니다.
따라서 쌓을 수 없는 물건은 볼링공입니다.

36쪽 교과서 **개념 3**

1 (1) ▨ (2) ▨

2 2개 / 2개 / 1개

37쪽 수학 익힘 **기본 문제**

1 (1) ▨, ▨ (2) ▨, ◯

2 (1)

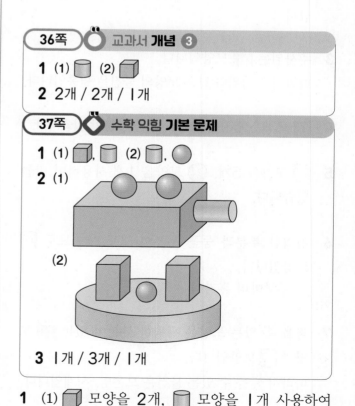

(2)

3 1개 / 3개 / 1개

---

1 (1) ▨ 모양을 2개, ▨ 모양을 1개 사용하여 만들었습니다.

(2) ▨ 모양을 3개, ◯ 모양을 2개 사용하여 만들었습니다.

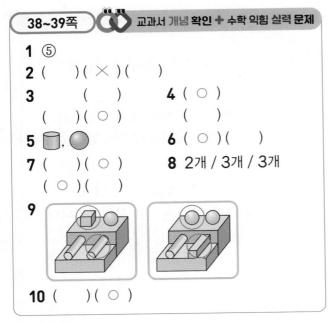

38~39쪽 교과서 개념 확인 ✚ 수학 익힘 실력 문제

1 ⑤
2 ( )(×)( )
3 ( ) 4 (○)
  ( )(○) ( )
5 ▢, ● 6 (○)( )
7 ( )(○) 8 2개 / 3개 / 3개
  (○)( )
9

10 ( )(○)

1 • ▢ 모양: ② 세탁기, ④ 선물 상자
  • ▢ 모양: ① 음료수 캔, ③ 케이크
  • ● 모양: ⑤ 털실 몽당이

2 물통, 실타래는 ▢ 모양이고, 테니스공은 ● 모양
  입니다.

3 주사위는 ▢ 모양입니다.
  따라서 주사위와 같은 모양의 물건은 필통입니다.

4 ▢ 모양은 평평한 부분과 둥근 부분이 있습니다.

5 ▢ 모양을 5개, ● 모양을 1개 사용하여 만들
  었습니다.

6 평평한 부분과 둥근 부분이 모두 보이므로 ▢
  모양입니다.
  ⇨ 두루마리 휴지

7 쌓을 수 있는 모양은 평평한 부분이 있는 ▢ 모
  양과 ▢ 모양입니다.
  따라서 쌓을 수 있는 물건은 보온병, 시계입니다.

10 ▢ 모양을 1개, ▢ 모양을 2개, ● 모양을 3개
  사용하여 만든 것을 찾아보면 🍯입니다.

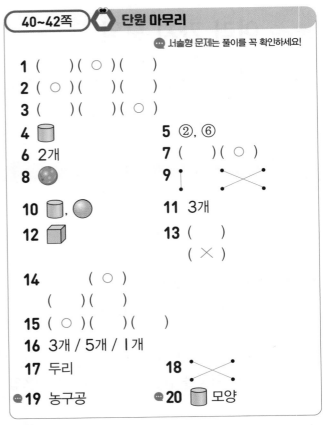

40~42쪽 단원 마무리

💬 서술형 문제는 풀이를 꼭 확인하세요!

1 ( )(○)( )
2 (○)( )( )
3 ( )( )(○)
4 ▢ 5 ②, ⑥
6 2개 7 ( )(○)
8 ●
9
10 ▢, ● 11 3개
12 ▢ 13 ( )
        (×)
14 (○)
  ( )( )
15 (○)( )( )
16 3개 / 5개 / 1개
17 두리 18
💬19 농구공 💬20 ▢ 모양

1 ▢ 모양의 물건은 영어 사전입니다.

2 ▢ 모양의 물건은 휴지통입니다.

3 ● 모양의 물건은 배구공입니다.

4 연필, 과자 통, 보온병은 모두 ▢ 모양입니다.

5 ▢ 모양의 물건은 ② 연필꽂이, ⑥ 김밥입니다.

6 ▢ 모양의 물건은 ① 과자 상자, ⑤ 큐브 퍼즐로
  모두 2개입니다.

7 • 선물 상자 ⇨ ▢ 모양, 농구공 ⇨ ● 모양
  • 음료수 캔, 두루마리 휴지 ⇨ ▢ 모양

8 방울은 ● 모양입니다.
  따라서 방울과 같은 모양의 물건은 구슬입니다.

9 비치 볼과 털실 몽당이는 ● 모양, 주사위와 벽
  돌은 ▢ 모양, 저금통과 음료수 캔은 ▢ 모양
  입니다.

10 ▢ 모양을 2개, ● 모양을 2개 사용하여 만들었
   습니다.

12 🛢 모양과 ⚪ 모양은 둥근 부분이 있어서 굴러 가지만 🟦 모양은 둥근 부분이 없어서 잘 굴러 가지 않습니다.

13 오른쪽 물건은 🛢 모양입니다. 🛢 모양은 둥근 부분이 있지만 뾰족한 부분은 없습니다.

14 뾰족한 부분이 보이므로 🟦 모양입니다.
⇨ 동화책

15 세우면 쌓을 수 있고, 눕히면 잘 굴러가는 모양 은 🛢 모양입니다.
따라서 설명하는 모양의 물건은 통조림통입니다.

17 혜원이가 사용한 🛢 모양은 3개이고, 두리가 사 용한 🛢 모양은 4개입니다.
따라서 🛢 모양을 더 많이 사용해서 모양을 만든 사람은 두리입니다.

18 ·
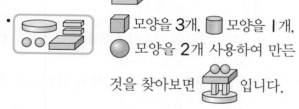
🟦 모양을 2개, 🛢 모양을 4개 사용하여 만든 것을 찾아보면 🏛️입니다.

· 🟦 모양을 3개, 🛢 모양을 1개, ⚪ 모양을 2개 사용하여 만든 것을 찾아보면 🏛️입니다.

💬19 ❶ 예 책, 과자 상자는 🟦 모양, 농구공은 ⚪ 모 양입니다.
❷ 예 모양이 나머지와 다른 하나는 농구공입 니다.

채점 기준	
❶ 물건의 모양 각각 알아보기	3점
❷ 모양이 나머지와 다른 하나 찾기	2점

💬20 ❶ 예 🟦 모양과 ⚪ 모양을 사용하여 만든 모양 입니다.
❷ 예 사용하지 않은 모양은 🛢 모양입니다.

채점 기준	
❶ 사용한 모양 알아보기	3점
❷ 사용하지 않은 모양 알아보기	2점

③ 덧셈과 뺄셈

46쪽 😊 교과서 **개념** ❶

1 (1) 4 (2) 3　　　　**2** 5
3 3

47쪽 😊 수학 익힘 **기본 문제**

1 (1) 1 / 2 (2) 1 / 3
2 (1) 4, 3 (2) 3, 2
3 (1) 2 / 6 (2) 5

1 (1) 소 1마리와 1마리를 모으기하면 모두 2마리 가 되므로 1과 1을 모으기하면 2가 됩니다.
(2) 다람쥐 2마리와 1마리를 모으기하면 모두 3마리가 되므로 2와 1을 모으기하면 3이 됩니다.

2 (1) 연필 7자루를 4자루와 3자루로 가르기할 수 있으므로 7은 4와 3으로 가르기할 수 있 습니다.
(2) 가위 5개를 3개와 2개로 가르기할 수 있으 므로 5는 3과 2로 가르기할 수 있습니다.

3 (1) 접시 안에 있는 귤 4개와 접시 밖에 있는 귤 2개를 모으기하면 모두 6개이므로 4와 2를 모으기하면 6이 됩니다.
(2) 모자 8개를 빨간색 모자 3개와 파란색 모자 5개로 가르기할 수 있으므로 8은 3과 5로 가르기할 수 있습니다.

48쪽 😊 교과서 **개념** ❷

1 5　　　　**2** 4

49쪽 😊 수학 익힘 **기본 문제**

1 (1) 3 (2) 4　　　**2** (1) 6 (2) 8
3 (1) 2 (2) 1　　　**4** 3, 2, 1

1 (1) 1과 2를 모으기하면 3이 됩니다.
(2) 7은 3과 4로 가르기할 수 있습니다.

2 (1) 5와 1을 모으기하면 6이 됩니다.
(2) 4와 4를 모으기하면 8이 됩니다.

3 (1) 7은 5와 2로 가르기할 수 있습니다.
(2) 9는 1과 8로 가르기할 수 있습니다.

4 4는 1과 3, 2와 2, 3과 1로 가르기할 수 있습니다.

50쪽 ⊙ 교과서 개념 ③

1 모으면, 5 　　　　 **2** 4, 남습니다

51쪽 ◇ 수학 익힘 기본 문제

1 1, 5 　　　　　 **2** 2, 1
3 모두 　　　　　 **4** 더 많습니다

52~53쪽 ⊙⊙ 교과서 개념 확인 ✚ 수학 익힘 실력 문제

6, 3

1 4 　　　　　　　 **2** (1) 5 (2) 9
3 (1) 1 (2) 6 　　　 **4** (　)(○)
5 ○○○○ 　　　　 **6** 3, 2, 1
7 2, 6 　　　　　　 **8** 2, 4
9 ③, ④
10

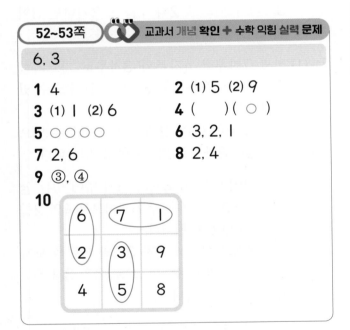

1 만두 2개와 2개를 모으기하면 모두 4개가 되므로 2와 2를 모으기하면 4가 됩니다.

2 (1) 2와 3을 모으기하면 5가 됩니다.
(2) 5와 4를 모으기하면 9가 됩니다.

3 (1) 4는 3과 1로 가르기할 수 있습니다.
(2) 9는 3과 6으로 가르기할 수 있습니다.

4 • 4와 1을 모으기하면 5가 됩니다.
• 1과 6을 모으기하면 7이 됩니다.

5 과자 7개는 3개와 4개로 가르기할 수 있습니다. 따라서 오른쪽 접시에 ○를 4개 그립니다.

6 5는 1과 4, 2와 3, 3과 2, 4와 1로 가르기할 수 있습니다.

9 9를 두 수로 가르기하면 1과 8, 2와 7, 3과 6, 4와 5, 5와 4, 6과 3, 7과 2, 8과 1이 됩니다.

10 1과 7, 2와 6, 3과 5, 4와 4, 5와 3, 6과 2, 7과 1을 모으기하면 8이 됩니다.

54쪽 ⊙ 교과서 개념 ④

1 (1) 3 (2) 3 　　　　 **2** 7 / 2, 7

55쪽 ◇ 수학 익힘 기본 문제

1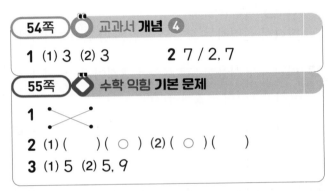
2 (1) (　)(○) (2) (○)(　)
3 (1) 5 (2) 5, 9

1 • 책 4권에 책 1권을 더 추가하면 책은 모두 5권입니다.
• 빨간색 장미 3송이와 노란색 장미 4송이를 합하면 모두 7송이입니다.

2 (1) 오렌지 2개와 복숭아 4개를 합하면 모두 6개입니다. ⇨ 2+4=6
(2) 밤 6개에 2개를 더 추가하면 밤은 모두 8개입니다. ⇨ 6+2=8

3 (1) 분홍색 장갑 2개와 하늘색 장갑 3개를 합하면 모두 5개입니다. ⇨ 2+3=5
(2) 연두색 양말 4개와 보라색 양말 5개를 합하면 모두 9개입니다. ⇨ 4+5=9

56쪽 ⊙ 교과서 개념 ⑤

1 (1) 5 (2) 예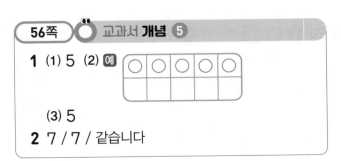

　　 (3) 5
2 7 / 7 / 같습니다

수학 익힘 기본 문제

1 6 / 2, 6
2 예

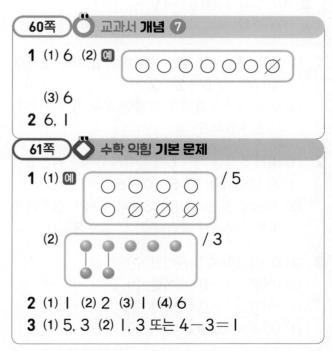

／6, 9

3 (1) 3 (2) 8 (3) 8 (4) 9
4 ( )( )(○)

1 꽃 4송이에 2송이를 더하면 모두 6송이입니다.
➡ 4와 2를 모으기하면 6이 됩니다.
➡ 4+2=6

2 ○를 어른 코끼리의 수만큼 3개 그리고 이어서 아기 코끼리의 수만큼 6개 더 그리면 ○는 모두 9개입니다.
➡ 3+6=9

3 (1) 2와 1을 모으기하면 3이 됩니다.
➡ 2+1=3
(2) 3과 5를 모으기하면 8이 됩니다.
➡ 3+5=8
(3) 4와 4를 모으기하면 8이 됩니다.
➡ 4+4=8
(4) 7과 2를 모으기하면 9가 됩니다.
➡ 7+2=9

4 ·2+6=8 ·6+2=8 ·5+1=6
두 수의 순서를 바꾸어 더해도 합은 같습니다.
➡ 합이 다른 덧셈식은 5+1입니다.

58쪽 **교과서 개념 ⑥**

1 (1) 3 (2) 3   **2** 2 / 4, 2

59쪽 **수학 익힘 기본 문제**

1
2 (1) ( )(○) (2) (○)( )
3 (1) 2 (2) 4, 4

1 ·나비 6마리 중에서 1마리가 날아가면 5마리가 남습니다.
·빵 4개와 우유 3갑을 하나씩 연결하면 빵 1개가 남습니다.

2 (1) 돼지 5마리 중에서 1마리가 우리 밖으로 나가면 4마리가 남습니다.
➡ 5-1=4
(2) 염소 4마리와 강아지 2마리를 하나씩 연결하면 염소가 2마리 남습니다.
➡ 4-2=2

3 (1) 수박 5조각 중에서 3조각을 먹으면 2조각이 남습니다. ➡ 5-3=2
(2) 촛불 8개 중에서 4개가 꺼지면 4개가 남습니다. ➡ 8-4=4

60쪽 **교과서 개념 ⑦**

1 (1) 6 (2) 예 ○○○○○○⌀
(3) 6
2 6, 1

61쪽 **수학 익힘 기본 문제**

1 (1) 예 ／ 5
(2) ／ 3

2 (1) 1 (2) 2 (3) 1 (4) 6
3 (1) 5, 3 (2) 1, 3 또는 4-3=1

1 (1) 8개에서 3개를 지우면 5개가 남습니다.
➡ 8-3=5
(2) 5개와 2개를 하나씩 연결하면 3개가 남습니다. ➡ 5-2=3

2 (1) 2는 1과 1로 가르기할 수 있습니다.
  ⇨ 2−1=1

(2) 6은 4와 2로 가르기할 수 있습니다.
  ⇨ 6−4=2

(3) 7은 6과 1로 가르기할 수 있습니다.
  ⇨ 7−6=1

(4) 9는 3과 6으로 가르기할 수 있습니다.
  ⇨ 9−3=6

3 (1) 오리 8마리와 닭 5마리의 차는 3마리입니다. ⇨ 8−5=3

(2) 그네를 타고 있던 학생 4명 중에서 1명이 가면 3명이 남습니다. ⇨ 4−1=3

62쪽 교과서 **개념 ⑧**

1 (1) 3 (2) 4　　**2** (1) 3 (2) 0

63쪽 수학 익힘 **기본 문제**

1 (1) 2, 2 (2) 0, 5　**2** (1) 0, 6 (2) 3, 0
3 (1) 7 (2) 5 (3) 6 (4) 0
4 (1) − (2) +

1 (1) 연필 0자루와 2자루를 합하면 모두 2자루입니다. ⇨ 0+2=2

(2) 딸기 5개와 0개를 합하면 모두 5개입니다.
  ⇨ 5+0=5

2 (1) 접시에 있는 과자 6개 중에서 0개를 빼면 6개가 남습니다. ⇨ 6−0=6

(2) 어항에 있는 물고기 3마리 중에서 3마리를 빼면 0마리가 남습니다. ⇨ 3−3=0

3 (1) 0+(어떤 수)=(어떤 수)
(2) (어떤 수)−0=(어떤 수)
(3) (어떤 수)+0=(어떤 수)
(4) (전체)−(전체)=0

4 (1) (전체)−(전체)=0이므로 ○ 안에는 −가 들어갑니다.

(2) 0+(어떤 수)=(어떤 수)이므로 ○ 안에는 +가 들어갑니다.

64~65쪽 교과서 **개념 확인 ✛ 수학 익힘 실력 문제**

4, 2

1 1+5=6　　　　　**2** 4, 3
3 0, 6　　　　　　**4** (1) 1 (2) 0
5 (선 연결)　　　　**6** (○)(　)
　　　　　　　　　　7 6, 2, 4
8 예 2, 2, 4
9 2+7=9 / 9명
10 4 / 4 / 예 7, 3, 4

1 더하기는 '+'로 나타냅니다.

2 바나나 4개 중에서 1개를 먹으면 3개가 남습니다.
  ⇨ 4−1=3

3 복숭아 6개에 0개를 더 넣으면 모두 6개입니다.
  ⇨ 6+0=6

4 (1) 3은 2와 1로 가르기할 수 있습니다.
  ⇨ 3−2=1

(2) (전체)−(전체)=0 ⇨ 5−5=0

5 두 수의 순서를 바꾸어 더해도 합은 같습니다.

6 5−0=5, 4+0=4
  ⇨ 5가 4보다 더 큽니다.

7 ▱ 모양은 6개이고, ⬤ 모양은 2개입니다.
  ⇨ 6−2=4

8 책을 읽는 학생 2명과 블록을 가지고 노는 학생 2명을 합하면 학생은 모두 4명입니다.
  ⇨ 2+2=4
  참고 3+1=4 등으로 덧셈식을 쓸 수도 있습니다.

9 (전체 학생 수)=(여학생 수)+(남학생 수)
　　　　　　　　　=2+7=9(명)

10 5−1=4, 6−2=4로 차는 4입니다.
  ⇨ 차가 4인 뺄셈식은 4−0=4, 7−3=4, 8−4=4, 9−5=4가 있습니다.

😀 서술형 문제는 풀이를 꼭 확인하세요!

1 4 / 5 **2** 1

3 7−6=1 **4** 4, 7

5 0, 6 **6** 5−2=3

7 9 / 예

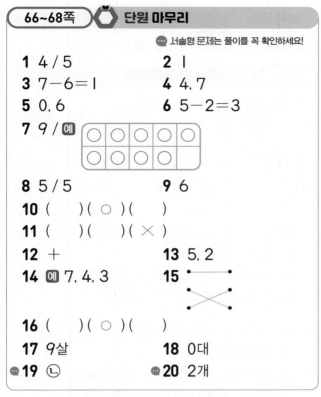

8 5 / 5 **9** 6

10 ( )(○)( )

11 ( )( )(×)

12 + **13** 5, 2

14 예 7, 4, 3 **15**

16 ( )(○)( )

17 9살 **18** 0대

💬**19** ㉡ 💬**20** 2개

---

5 귤 0개와 6개를 합하면 모두 6개입니다.
⇨ 0+6=6

6 아이스크림 5개에서 2개를 빼면 3개가 남습니다.
⇨ 5−2=3

7 ○를 4개 그리고 이어서 5개 더 그리면 ○는 모두 9개입니다. ⇨ 4+5=9

8 7은 2와 5로 가르기할 수 있습니다.
⇨ 7−2=5

9 4와 2를 모으기하면 6이 됩니다. ⇨ 4+2=6

10 • 3+5=8 • 7+0=7 • 5+3=8
두 수의 순서를 바꾸어 더해도 합은 같습니다.
⇨ 합이 다른 덧셈식은 7+0입니다.

11 6은 1과 5, 2와 4, 3과 3, 4와 2, 5와 1로 가르기할 수 있습니다.

12 0+(어떤 수)=(어떤 수)이므로 ○ 안에는 +가 들어갑니다.

13 1과 6, 2와 5, 3과 4, 4와 3, 5와 2, 6과 1을 모으기하면 7이 됩니다.

---

14 전체 학생 7명 중에서 남학생 4명을 빼면 여학생 3명이 남습니다. ⇨ 7−4=3
참고 7−1=6, 4−3=1 등으로 뺄셈식을 쓸 수도 있습니다.

15 • 2+5=7 • 3+1=4 • 1+4=5
• 8−1=7 • 5−0=5 • 7−3=4

16 • 6+1=7 • 9−0=9 • 8−2=6
⇨ 계산 결과가 가장 큰 것은 9−0입니다.

17 (누나의 나이)=(세호의 나이)+1
=8+1=9(살)

18 (남아 있는 자동차의 수)
=(처음에 주차장에 있던 자동차의 수)
−(나간 자동차의 수)
=5−5=0(대)

💬**19** ❶ 예 ㉠ 3과 3을 모으기하면 6, ㉡ 1과 7을 모으기하면 8, ㉢ 5와 1을 모으기하면 6입니다.
❷ 예 모으기한 수가 다른 하나는 ㉡입니다.

채점 기준	
❶ ㉠, ㉡, ㉢의 두 수를 모으기하기	3점
❷ 모으기한 수가 다른 하나를 찾기	2점

💬**20** ❶ 예 밤의 수에서 호두의 수를 빼면 되므로 9−7을 계산합니다.
❷ 예 밤은 호두보다 9−7=2(개) 더 많습니다.

채점 기준	
❶ 문제에 알맞은 식 만들기	2점
❷ 밤은 호두보다 몇 개 더 많은지 구하기	3점

미래 직업을 알아봐요!

항공 우주 공학 기술자

4 비교하기

| 72쪽 | 교과서 **개념 ①** |

1 붓 / 붓

2 자전거 / 짧습니다

| 73쪽 | 수학 익힘 **기본 문제** |

1

2 (1) ( ) (2) (△) ( )
　　(△)

3 (교차 연결선)

4 (1) ( ) (2) ( ) ( ) (○)
　　(○)
　　( )

1 왼쪽 끝이 맞추어져 있으므로 오른쪽 끝이 더 많이 나간 것이 더 깁니다.
　⇨ 위쪽 목도리가 아래쪽 목도리보다 더 깁니다.

2 (1) 왼쪽 끝이 맞추어져 있으므로 오른쪽 끝이 더 적게 나간 것이 더 짧습니다.
　　⇨ 막대 사탕은 초콜릿 과자보다 더 짧습니다.
　(2) 위쪽 끝이 맞추어져 있으므로 아래쪽 끝이 더 적게 나간 것이 더 짧습니다.
　　⇨ 반바지는 긴바지보다 더 짧습니다.

3 오른쪽 끝이 맞추어져 있으므로 왼쪽 끝이 더 많이 나간 것이 더 깁니다.
　⇨ 바나나는 딸기보다 더 깁니다.

4 (1) 왼쪽 끝이 맞추어져 있으므로 오른쪽 끝이 가장 많이 나간 것이 가장 깁니다.
　　⇨ 파가 가장 깁니다.
　(2) 아래쪽 끝이 맞추어져 있으므로 위쪽 끝이 가장 많이 나간 것이 가장 깁니다.
　　⇨ 야구 방망이가 가장 깁니다.

| 74쪽 | 교과서 **개념 ②** |

1 선풍기 / 선풍기　　**2** 딸기 / 가볍습니다

| 75쪽 | 수학 익힘 **기본 문제** |

1 (1)　　　　　(2)

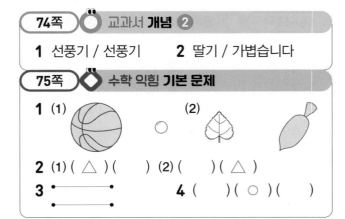

2 (1) (△) ( )　(2) ( ) (△)

3 (연결선)　　**4** ( ) (○) ( )

1 손으로 들어 보았을 때 힘이 더 많이 드는 것이 더 무겁습니다.
　(1) 농구공은 탁구공보다 더 무겁습니다.
　(2) 무는 깻잎보다 더 무겁습니다.

2 손으로 들어 보았을 때 힘이 더 적게 드는 것이 더 가볍습니다.
　(1) 리코더는 기타보다 더 가볍습니다.
　(2) 가지는 호박보다 더 가볍습니다.

3 손으로 들어 보았을 때 힘이 더 많이 드는 것이 더 무겁습니다.
　⇨ 고양이는 새보다 더 무겁습니다.

4 손으로 들기 가장 힘든 것이 가장 무겁습니다.
　⇨ 냉장고가 가장 무겁습니다.

| 76쪽 | 교과서 **개념 ③** |

1 돗자리 / 돗자리　　**2** 색종이 / 좁습니다

| 77쪽 | 수학 익힘 **기본 문제** |

1 (1)
　(2)

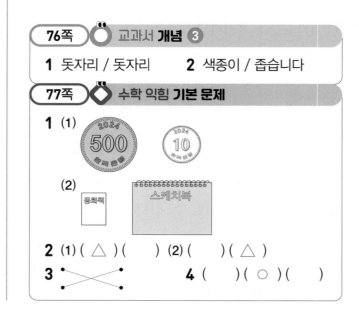

2 (1) (△) ( )　(2) ( ) (△)

3 (교차 연결선)　　**4** ( ) (○) ( )

1 겹쳐 보았을 때 남는 부분이 있는 것이 더 넓습니다.

  (1) 500원짜리 동전은 10원짜리 동전보다 더 넓습니다.

  (2) 스케치북은 동화책보다 더 넓습니다.

2 겹쳐 보았을 때 남는 부분이 없는 것이 더 좁습니다.

  (1) 엽서는 신문보다 더 좁습니다.

  (2) 우표는 봉투보다 더 좁습니다.

3 겹쳐 보았을 때 남는 부분이 있는 것이 더 넓습니다.

  ⇨ 이불은 방석보다 더 넓습니다.

4 겹쳐 보았을 때 남는 부분이 가장 많은 것이 가장 넓습니다.

  ⇨ 칠판이 가장 넓습니다.

[78쪽] 교과서 **개념 ④**

1 페트병 / 페트병　　**2** ㉯ / 적습니다

[79쪽] 수학 익힘 **기본 문제**

1 (1) (△)(　)　(2) (△)(　)

2 (1) (○)(　)　(2) (　)(○)

3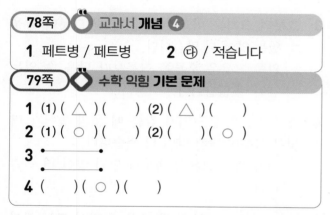

4 (　)(○)(　)

1 그릇의 크기를 비교했을 때 더 작은 그릇이 담을 수 있는 양이 더 적습니다.

  (1) 컵은 주전자보다 담을 수 있는 양이 더 적습니다.

  (2) 왼쪽 병은 오른쪽 병보다 담을 수 있는 양이 더 적습니다.

2 그릇의 모양과 크기가 같을 때 물의 높이가 더 높은 그릇이 담긴 양이 더 많습니다.

  (1) 왼쪽 그릇은 오른쪽 그릇보다 담긴 양이 더 많습니다.

  (2) 오른쪽 그릇은 왼쪽 그릇보다 담긴 양이 더 많습니다.

---

3 그릇의 크기를 비교했을 때 더 큰 그릇이 담을 수 있는 양이 더 많습니다.

  ⇨ 빨간색 컵은 파란색 컵보다 담을 수 있는 양이 더 많습니다.

4 가장 큰 그릇이 담을 수 있는 양이 가장 많습니다.

  ⇨ 가운데 그릇이 담을 수 있는 양이 가장 많습니다.

[80~81쪽] 교과서 **개념 확인** + 수학 익힘 실력 문제

좁습니다

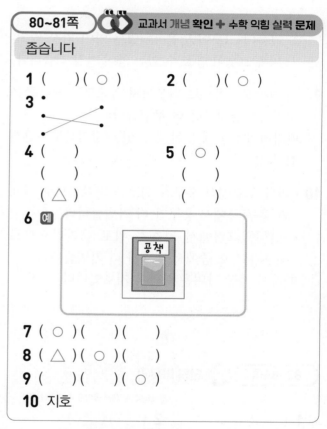

1 (　)(○)　　**2** (　)(○)

3

4 (　)　　　　**5** (○)

  (　)　　　　　(　)

  (△)　　　　　(　)

6 예

7 (○)(　)(　)

8 (△)(○)(　)

9 (　)(　)(○)

10 지호

1 손으로 들어 보았을 때 힘이 더 많이 드는 것이 더 무겁습니다.

  ⇨ 야구공은 풍선보다 더 무겁습니다.

  참고 크기가 큰 것이 항상 더 무거운 것은 아닙니다.

2 아래쪽 끝이 맞추어져 있으므로 위쪽 끝이 더 많이 나간 것이 더 높습니다.

  ⇨ 오른쪽 모형이 왼쪽 모형보다 더 높습니다.

3 겹쳐 보았을 때 남는 부분이 가장 많은 것이 가장 넓고, 남는 부분이 없는 것이 가장 좁습니다.

  ⇨ 편지지가 가장 넓고, 우표가 가장 좁습니다.

4 오른쪽 끝이 맞추어져 있으므로 왼쪽 끝이 가장 적게 나간 것이 가장 짧습니다.
⇨ 아래쪽 막대가 가장 짧습니다.

5 왼쪽 끝이 맞추어져 있으므로 오른쪽 끝을 비교하면 연필보다 더 긴 것은 가위입니다.

7 컵의 모양과 크기가 같을 때 주스의 높이가 가장 높은 컵이 담긴 양이 가장 많습니다.
⇨ 왼쪽 컵이 담긴 양이 가장 많습니다.

8 가장 큰 그릇이 담을 수 있는 양이 가장 많고, 가장 작은 그릇이 담을 수 있는 양이 가장 적습니다.
⇨ 가운데 그릇이 담을 수 있는 양이 가장 많고, 왼쪽 그릇이 담을 수 있는 양이 가장 적습니다.

9 저울이 오른쪽으로 기울어져 있으므로 오른쪽은 쌓기나무 **2**개보다 더 무겁습니다.
따라서 오른쪽에 들어갈 수 있는 쌓기나무는 **3**개입니다.

10 • 왼쪽 그림에서 홍구가 위로 올라갔으므로 기태와 홍구 중에서 홍구가 더 가볍습니다.
• 오른쪽 그림에서 지호가 위로 올라갔으므로 홍구와 지호 중에서 지호가 더 가볍습니다.
따라서 가장 가벼운 사람은 지호입니다.

82~84쪽 🔶 단원 마무리

💬 서술형 문제는 풀이를 꼭 확인하세요!

1 (   )
(○)

2 (   )(△)

3 (○)(   )

4 (△)(   )

5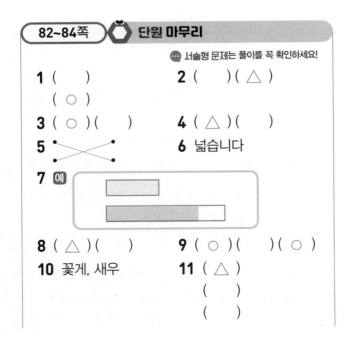

6 넓습니다

7 예

8 (△)(   )

9 (○)(   )(○)

10 꽃게, 새우

11 (△)
(   )
(   )

---

12 예

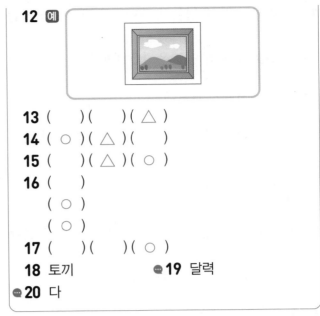

13 (   )(   )(△)

14 (○)(△)(   )

15 (   )(△)(○)

16 (   )
(○)
(○)

17 (   )(   )(○)

18 토끼   💬**19** 달력

💬**20** 다

1 왼쪽 끝이 맞추어져 있으므로 오른쪽 끝이 더 많이 나간 것이 더 깁니다.
⇨ 숟가락은 포크보다 더 깁니다.

2 겹쳐 보았을 때 남는 부분이 없는 것이 더 좁습니다. ⇨ 수첩은 공책보다 더 좁습니다.

3 그릇의 크기를 비교했을 때 더 큰 그릇이 담을 수 있는 양이 더 많습니다.
⇨ 왼쪽 그릇은 오른쪽 그릇보다 담을 수 있는 양이 더 많습니다.

4 그릇의 모양과 크기가 같을 때 물의 높이가 더 낮은 그릇이 담긴 양이 더 적습니다.
⇨ 왼쪽 병은 오른쪽 병보다 담긴 양이 더 적습니다.

5 손으로 들어 보았을 때 힘이 더 많이 드는 것이 더 무겁습니다.
⇨ 볼링공은 테니스공보다 더 무겁습니다.

6 겹쳐 보았을 때 남는 부분이 있는 것이 더 넓습니다. ⇨ 방석은 스케치북보다 더 넓습니다.

8 저울에서는 위로 올라간 쪽이 더 가볍습니다.
⇨ 귤은 사과보다 더 가볍습니다.

9 그릇에 담을 수 있는 양을 비교할 때에는 '많다', '적다'로 나타냅니다.

10 손으로 들어 보았을 때 힘이 더 많이 드는 것이 더 무겁습니다. ⇨ 꽃게는 새우보다 더 무겁습니다.

11 왼쪽 끝이 맞추어져 있으므로 오른쪽 끝이 가장 적게 나간 것이 가장 짧습니다.
➡ 손목시계가 가장 짧습니다.

13 겹쳐 보았을 때 남는 부분이 없는 것이 가장 좁습니다.
➡ 동화책이 가장 좁습니다.

14 가장 큰 그릇이 담을 수 있는 양이 가장 많고, 가장 작은 그릇이 담을 수 있는 양이 가장 적습니다.
➡ 주전자가 담을 수 있는 양이 가장 많고, 컵이 담을 수 있는 양이 가장 적습니다.

15 손으로 들기 가장 힘든 것이 가장 무겁고, 손으로 들기 가장 쉬운 것이 가장 가볍습니다.
➡ 사자가 가장 무겁고, 다람쥐가 가장 가볍습니다.

16 왼쪽 끝이 맞추어져 있으므로 오른쪽 끝을 비교하면 포크보다 더 긴 것은 주걱, 국자입니다.

17 저울이 오른쪽으로 기울어져 있으므로 오른쪽은 쌓기나무 3개보다 더 무겁습니다.
따라서 오른쪽에 들어갈 수 있는 쌓기나무는 4개입니다.

18 • 왼쪽 그림에서 오리가 아래로 내려갔으므로 병아리와 오리 중에서 오리가 더 무겁습니다.
• 오른쪽 그림에서 토끼가 아래로 내려갔으므로 오리와 토끼 중에서 토끼가 더 무겁습니다.
따라서 가장 무거운 동물은 토끼입니다.

19 ❶ 예 겹쳐 보았을 때 남는 부분이 있는 것이 더 넓습니다.
❷ 예 더 넓은 것은 달력입니다.

채점 기준	
❶ 넓이를 비교하는 방법 알아보기	3점
❷ 더 넓은 것 구하기	2점

20 ❶ 예 왼쪽 끝이 맞추어져 있으므로 오른쪽 끝이 가장 많이 나간 것이 가장 깁니다.
❷ 예 가장 긴 줄넘기는 다입니다.

채점 기준	
❶ 세 물건의 길이를 비교하는 방법 알아보기	3점
❷ 가장 긴 줄넘기 구하기	2점

⑤ 50까지의 수

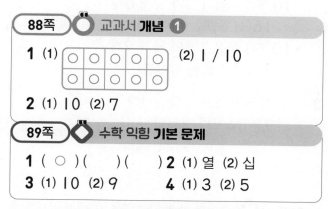

88쪽 교과서 개념 ❶

1 (1) ○○○○○ / ○○○○○ (2) 1 / 10
2 (1) 10 (2) 7

89쪽 수학 익힘 기본 문제

1 (○)(　　)(　　) **2** (1) 열 (2) 십
3 (1) 10 (2) 9 **4** (1) 3 (2) 5

1 달걀은 10, 초콜릿은 9, 볼링 핀은 7입니다.

3 (1) 8과 2를 모으기하면 10이 됩니다.
(2) 1과 9를 모으기하면 10이 됩니다.

4 (1) 10은 7과 3으로 가르기할 수 있습니다.
(2) 10은 5와 5로 가르기할 수 있습니다.

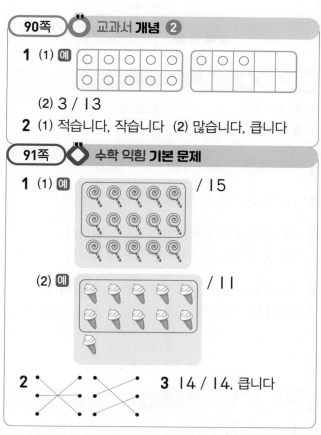

90쪽 교과서 개념 ❷

1 (1) 예
(2) 3 / 13
2 (1) 적습니다, 작습니다 (2) 많습니다, 큽니다

91쪽 수학 익힘 기본 문제

1 (1) 예 ＿＿＿ / 15
(2) 예 ＿＿＿ / 11

2 ＿＿＿ **3** 14 / 14, 큽니다

1 (1) 10개씩 묶어 보면 10개씩 묶음 1개와 낱개 5개이므로 수로 나타내면 15입니다.
(2) 10개씩 묶어 보면 10개씩 묶음 1개와 낱개 1개이므로 수로 나타내면 11입니다.

2 • 10개씩 묶음 1개와 낱개 3개
⇨ 13(십삼 또는 열셋)
• 10개씩 묶음 1개와 낱개 6개
⇨ 16(십육 또는 열여섯)
• 10개씩 묶음 1개와 낱개 9개
⇨ 19(십구 또는 열아홉)

3 자동차는 버스보다 많습니다.
⇨ 17은 14보다 큽니다.

92쪽 📖 교과서 개념 ❸

1 (1) [그림] (2) 12

2 (1) 예 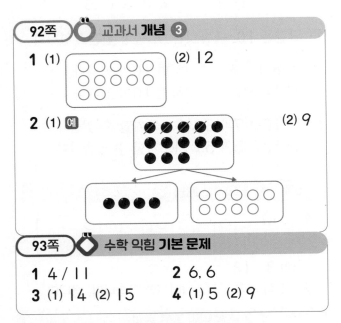 (2) 9

93쪽 📖 수학 익힘 기본 문제

1 4 / 11   **2** 6, 6
3 (1) 14 (2) 15   **4** (1) 5 (2) 9

1 7과 4를 모으기하면 11이 됩니다.

2 12는 6과 6으로 가르기할 수 있습니다.

3 (1) 5와 9를 모으기하면 14가 됩니다.
(2) 8과 7을 모으기하면 15가 됩니다.

4 (1) 11은 6과 5로 가르기할 수 있습니다.
(2) 17은 8과 9로 가르기할 수 있습니다.

94쪽 📖 교과서 개념 ❹

1 (1)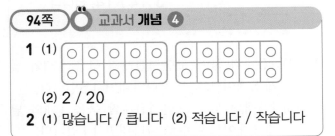

(2) 2 / 20

2 (1) 많습니다 / 큽니다 (2) 적습니다 / 작습니다

95쪽 📖 수학 익힘 기본 문제

1 예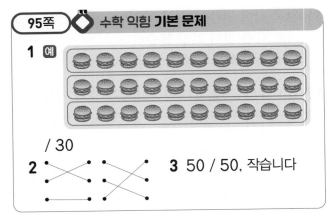

/ 30

2 [선 잇기]   **3** 50 / 50, 작습니다

1 10개씩 묶어 보면 10개씩 묶음 3개이므로 수로 나타내면 30입니다.

2 • 10개씩 묶음 4개 ⇨ 40(사십 또는 마흔)
• 10개씩 묶음 2개 ⇨ 20(이십 또는 스물)
• 10개씩 묶음 5개 ⇨ 50(오십 또는 쉰)

3 빨간색 팔찌의 구슬 수는 노란색 팔찌의 구슬 수보다 적습니다.
⇨ 20은 50보다 작습니다.

96쪽 📖 교과서 개념 ❺

1 (1) 예 [그림]

(2) 4 / 24
2 3, 6

97쪽 📖 수학 익힘 기본 문제

1 예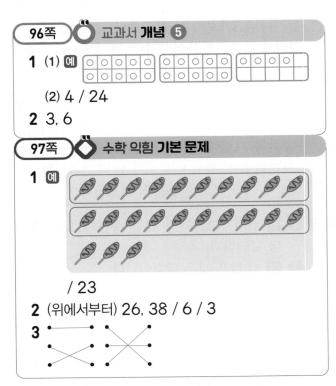

/ 23

2 (위에서부터) 26, 38 / 6 / 3

3 [선 잇기]

1 10개씩 묶어 보면 10개씩 묶음 2개와 낱개 3개이므로 수로 나타내면 23입니다.

2 • 참외: 26 ⇨ 10개씩 묶음 2개와 낱개 6개
• 복숭아: 38 ⇨ 10개씩 묶음 3개와 낱개 8개

3 ・|0개씩 묶음 4개와 낱개 2개
⇨ 42(사십이 또는 마흔둘)
・|0개씩 묶음 2개와 낱개 5개
⇨ 25(이십오 또는 스물다섯)
・|0개씩 묶음 3개와 낱개 7개
⇨ 37(삼십칠 또는 서른일곱)

98~99쪽 교과서 개념 **확인** ✚ 수학 익힘 **실력** 문제

|5

1 |0   **2** |6
3 5   **4**

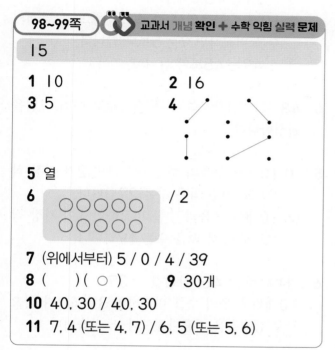

5 열
6 ⬭⬭⬭⬭⬭⬭ / 2

7 (위에서부터) 5 / 0 / 4 / 39
8 (   )(○)   **9** 30개
10 40, 30 / 40, 30
11 7, 4 (또는 4, 7) / 6, 5 (또는 5, 6)

2 |0개씩 묶어 보면 |0개씩 묶음 |개와 낱개 6개
이므로 수로 나타내면 |6입니다.

3 |0은 5와 5로 가르기할 수 있습니다.

4 ・27 ─ 이십칠 ─ 스물일곱
・46 ─ 사십육 ─ 마흔여섯

5 |0은 상황에 따라 '십' 또는 '열'이라고 읽습니다.
|0개 ⇨ 열 개

7 ・|5 ⇨ |0개씩 묶음 |개와 낱개 5개
・50 ⇨ |0개씩 묶음 5개
・43 ⇨ |0개씩 묶음 4개와 낱개 3개
・|0개씩 묶음 3개와 낱개 9개 ⇨ 39

8 ・6과 |0을 모으기하면 |6이 됩니다.
・9와 8을 모으기하면 |7이 됩니다.

9 |0개씩 묶음 3개 ⇨ 30
따라서 복숭아는 모두 30개입니다.

10 파란색 수수깡은 빨간색 수수깡보다 많습니다.
⇨ 40은 30보다 큽니다.

11 ・⬜ 모양: 7개, ⚪ 모양: 4개
⇨ ||은 7과 4로 가르기할 수 있습니다.
・빨간색: 6개, 노란색: 5개
⇨ ||은 6과 5로 가르기할 수 있습니다.

100쪽 교과서 **개념 ⑥**

1 (1) (위에서부터) |3 / 22, 27, 28, 29 /
31, 34, 35, 40 / 44, 45, 46
(2) 44, 46

101쪽 수학 익힘 **기본 문제**

1 (1) |4, |6 (2) 2|, 24
2

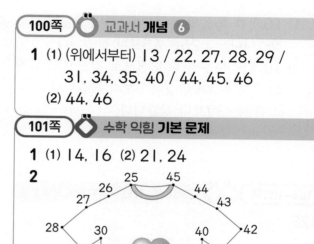

3 (위에서부터) 22, 23 / |8, |9, 20 /
|3 / |2

1 (1) |3보다 |만큼 더 큰 수는 |4이고, |5보다
|만큼 더 큰 수는 |6입니다.
(2) 22보다 |만큼 더 작은 수는 2|이고, 23보
다 |만큼 더 큰 수는 24입니다.

2 25부터 45까지의 수를 순서대로 이어 그림을
완성합니다.

102쪽 교과서 **개념 ⑦**

1 큽니다 / 28, 큽니다 / 31, 작습니다
2 작습니다 / 27, 작습니다 / 24, 큽니다

103쪽 수학 익힘 **기본 문제**

1 23, |6 / |6, 23   **2** (1) 4| (2) 29
3 (1) 26 (2) 32   **4** (1) 큽니다 (2) 40

1 10개씩 묶음의 수를 비교하면 2는 1보다 큽니다.
  ⇨ 23은 16보다 큽니다.

2 (1) 10개씩 묶음의 수를 비교하면 4는 3보다
  큽니다. ⇨ 41은 35보다 큽니다.
  (2) 10개씩 묶음의 수가 2로 같으므로 낱개의
  수를 비교하면 9는 8보다 큽니다.
  ⇨ 29는 28보다 큽니다.

3 (1) 10개씩 묶음의 수를 비교하면 2는 4보다
  작습니다. ⇨ 26은 45보다 작습니다.
  (2) 10개씩 묶음의 수가 3으로 같으므로 낱개
  의 수를 비교하면 2는 7보다 작습니다.
  ⇨ 32는 37보다 작습니다.

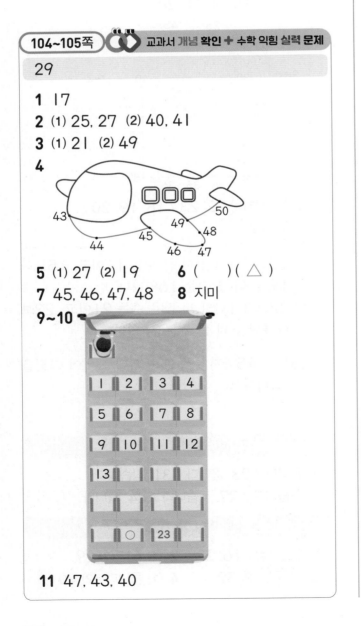

104~105쪽 교과서 개념 확인 + 수학 익힘 실력 문제

29

1 17
2 (1) 25, 27 (2) 40, 41
3 (1) 21 (2) 49
4

43 50
44 45 49 48
46 47

5 (1) 27 (2) 19　　**6** (　)(△)
7 45, 46, 47, 48　　**8** 지미
9~10

1	2	3	4
5	6	7	8
9	10	11	12
13			
	○	23	

11 47, 43, 40

2 (1) 24보다 1만큼 더 큰 수는 25이고, 26보다
  1만큼 더 큰 수는 27입니다.
  (2) 39보다 1만큼 더 큰 수는 40이고, 42보다
  1만큼 더 작은 수는 41입니다.

3 (1) 10개씩 묶음의 수를 비교하면 2는 1보다
  큽니다.
  ⇨ 21은 18보다 큽니다.
  (2) 10개씩 묶음의 수가 4로 같으므로 낱개의
  수를 비교하면 9는 5보다 큽니다.
  ⇨ 49는 45보다 큽니다.

4 43부터 50까지의 수를 순서대로 이어 그림을
  완성합니다.

5 (1) 10개씩 묶음의 수를 비교하면 2가 가장 작
  으므로 가장 작은 수는 27입니다.
  (2) 10개씩 묶음의 수를 비교하면 1이 가장 작
  으므로 가장 작은 수는 19입니다.

6 마흔다섯 ⇨ 45, 삼십칠 ⇨ 37
  10개씩 묶음의 수를 비교하면 3은 4보다 작으
  므로 삼십칠은 마흔다섯보다 더 작습니다.

7 44부터 48까지의 수를 작은 수부터 순서대로
  쓰면 44-45-46-47-48입니다.

8 10개씩 묶음의 수가 3으로 같으므로 낱개의
  수를 비교하면 6은 1보다 큽니다.
  따라서 36은 31보다 크므로 조개껍데기를 더
  많이 모은 사람은 지미입니다.

9 수의 순서대로 빈칸을 채우면 23의 위치를 찾
  을 수 있습니다.

10 23보다 1만큼 더 작은 수는 22이므로 준우의
  자리는 22입니다.

11 10개씩 묶음의 수가 4로 같으므로 낱개의 수를
  비교하면 7이 가장 크고 0이 가장 작습니다.
  따라서 큰 수부터 순서대로 쓰면 47, 43, 40
  입니다.

💬 서술형 문제는 풀이를 꼭 확인하세요!

1
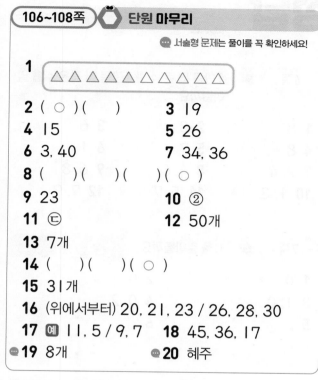

2 (○)( ) **3** 19

4 15 **5** 26

6 3, 40 **7** 34, 36

8 ( )( )( )(○)

9 23 **10** ②

11 ⓒ **12** 50개

13 7개

14 ( )( )(○)

15 31개

16 (위에서부터) 20, 21, 23 / 26, 28, 30

17 예 11, 5 / 9, 7 **18** 45, 36, 17

💬**19** 8개 💬**20** 혜주

2 • 4와 6을 모으기하면 10이 됩니다.
• 9보다 1만큼 더 작은 수는 8입니다.

3 10개씩 묶어 보면 10개씩 묶음 1개와 낱개 9개
이므로 수로 나타내면 19입니다.

4 6과 9를 모으기하면 15가 됩니다.

6 30은 10개씩 묶음 3개이고, 10개씩 묶음 4개
는 40입니다.

7 33보다 1만큼 더 큰 수는 34이고, 35보다 1만
큼 더 큰 수는 36입니다.

8 14(십사 또는 열넷)

9 10개씩 묶음의 수를 비교하면 2는 5보다 작습
니다.
⇨ 23은 50보다 작습니다.

10 ② 40(사십 또는 마흔)

11 • ㉠, ㉡, ㉢ ⇨ 십
• ㉢ ⇨ 열

12 10개씩 묶음 5개는 50이므로 동생이 사 온 달
걀은 모두 50개입니다.

13 27은 10개씩 묶음 2개와 낱개 7개입니다.

14 • 10과 5를 모으기하면 15가 됩니다.
• 8과 7을 모으기하면 15가 됩니다.
• 9와 9를 모으기하면 18이 됩니다.

15 10개씩 묶음 3개와 낱개 1개이므로 31개입
니다.

16 수의 순서를 생각하며 빈칸에 알맞은 수를 써넣
습니다.

17 16은 (1, 15), (2, 14), (3, 13), (4, 12),
(5, 11), (6, 10), (7, 9), (8, 8)로 가르기할
수 있습니다.

18 10개씩 묶음의 수를 비교하면 4가 가장 크고
1이 가장 작습니다.
따라서 큰 수부터 순서대로 쓰면
45, 36, 17입니다.

💬**19** ❶ 예 12는 4와 8로 가르기할 수 있습니다.
❷ 예 콩을 한 접시에 4개를 담으면 다른 접시
에는 8개를 담아야 합니다.

채점 기준	
❶ 12는 4와 몇으로 가르기할 수 있는지 알아보기	3점
❷ 다른 접시에 담아야 하는 콩의 수 구하기	2점

💬**20** ❶ 예 29와 25는 10개씩 묶음의 수가 2로
같고 낱개의 수를 비교하면 9는 5보다 크므
로 29는 25보다 큽니다.
❷ 예 감을 더 많이 가지고 있는 사람은 혜주입
니다.

채점 기준	
❶ 두 수의 크기 비교하기	3점
❷ 감을 더 많이 가지고 있는 사람 구하기	2점

Basic Book 정답

1. 9까지의 수

2쪽 **1** | 1, 2, 3, 4, 5를 알아볼까요

1 셋   **2** 둘
3 하나   **4** 오
5 사   **6** 4
7 5   **8** 2
9 1   **10** 3

3쪽 **2** | 6, 7, 8, 9를 알아볼까요

1 여덟   **2** 여섯
3 구   **4** 칠
5 7   **6** 9
7 6   **8** 8

4쪽 **3** | 순서를 알아볼까요

1
2
3 (세 번째 양말에 ○)
4 (네 번째에 ○)
5 (여섯 번째에 ○)
6 (여덟 번째에 ○)

5쪽 **4** | 수의 순서를 알아볼까요

1 2, 4, 7, 8   **2** 3, 6, 8, 9
3 1, 3, 5, 9   **4** 7, 5, 4, 2
5 9, 6, 4, 1   **6** 8, 5, 3, 2

6쪽 **5** | 1만큼 더 큰 수와 1만큼 더 작은 수를 알아볼까요

1 8   **2** 3   **3** 6
4 8   **5** 7   **6** 1
7 2, 4   **8** 4, 6   **9** 6, 8
10 1, 3   **11** 5, 7   **12** 7, 9

7쪽 **6** | 0을 알아볼까요

1 0   **2** 0
3 1, 0   **4** 0, 2
5   **6**
7

8쪽 **7** | 수의 크기를 비교해 볼까요

1 4   **2** 8   **3** 7   **4** 9
5 5   **6** 8   **7** 6   **8** 9
9 3   **10** 5   **11** 6   **12** 7
13 1   **14** 2   **15** 5   **16** 8

2. 여러 가지 모양

9쪽 **1** | 여러 가지 모양을 찾아볼까요

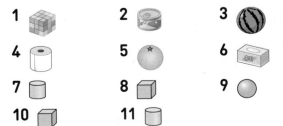

1   **2**   **3**
4   **5**   **6**
7   **8**   **9**
10   **11**

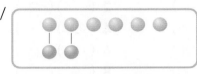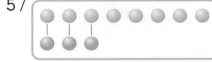

21쪽 2 어느 것이 더 무거울까요

1 (○)( ) **2** ( )(○)
3 ( )(○) **4** (○)( )
5 (○)( ) **6** (△)( )
7 (△)( ) **8** ( )(△)
9 (△)( ) **10** ( )(△)

22쪽 3 어느 것이 더 넓을까요

1 (○)( ) **2** ( )(○)
3 ( )(○) **4** (○)( )
5 ( )(○) **6** ( )(△)
7 (△)( ) **8** (△)( )
9 ( )(△) **10** ( )(△)

23쪽 4 어느 것에 더 많이 담을 수 있을까요

1 (○)( ) **2** (○)( )
3 ( )(○) **4** (○)( )
5 ( )(○) **6** (△)( )
7 ( )(△) **8** ( )(△)
9 (△)( ) **10** (△)( )

5. 50까지의 수

24쪽 1 10을 알아볼까요

1 ( )(○)(○) **2** (○)( )(○)
3 10 **4** 10
5 7 **6** 1

25쪽 2 십몇을 알아볼까요

1 14 **2** 19
3 16 **4** 13
5 12 **6** 18
7 12 / 십이 **8** 11 / 십일
9 15 / 열다섯 **10** 17 / 열일곱

26쪽 3 모으기와 가르기를 해 볼까요

1 6 / 12 **2** 4 / 13
3 6, 8 **4** 9, 6

27쪽 4 10개씩 묶어 세어 볼까요

1 30 **2** 20
3 50 **4** 40
5 5 **6** 2
7 40 / 사십 **8** 30 / 삼십
9 20 / 스물 **10** 50 / 쉰

28쪽 5 50까지의 수를 세어 볼까요

1 37 **2** 29
3 44 **4** 32
5 28 **6** 45
7 23 / 이십삼 **8** 41 / 사십일
9 38 / 서른여덟 **10** 46 / 마흔여섯

29쪽 6 50까지 수의 순서를 알아볼까요

1 12, 14 **2** 17, 19
3 35, 37 **4** 31, 32
5 22, 23 **6** 40, 41
7 25, 27 **8** 43, 45
9 15, 16 **10** 33, 34
11 41, 44 **12** 47, 50

30쪽 7 수의 크기를 비교해 볼까요

1 23 **2** 38
3 46 **4** 36
5 40 **6** 23
7 34 **8** 43
9 24 **10** 26
11 17 **12** 32

맘앤톡 카페에 가입하고 **초중고 자녀 정보**를 확인해 보세요.

Mom&Talk

카페

인스타그램

❶ **교재추천**
❷ 전문가 TIP
❸ 초중고 **교육정보**
❹ 부모공감 **인스타툰**
❺ 경품 가득 **이벤트**

교과서
개념
잡기

교과서 내용을 쉽고 빠르게 학습하여 개념을 꽉! 잡아줍니다.

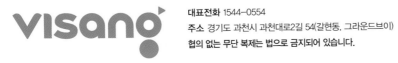

대표전화 1544-0554
주소 경기도 과천시 과천대로2길 54(갈현동, 그라운드브이)

2022 개정 교육과정

교과서 개념 잡기

Basic Book

초등 수학 **1·1**

 책 속의 가접 별책 (특허 제 0557442호)

'Basic Book'은 본책에서 쉽게 분리할 수 있도록 제작되었으므로
유통 과정에서 분리될 수 있으나 파본이 아닌 정상제품입니다.

visang

ABOVE IMAGINATION

우리는 남다른 상상과 혁신으로
교육 문화의 새로운 전형을 만들어
모든 이의 행복한 경험과 성장에 기여한다

교과서
개념
잡기

Basic Book

초등 수학

1·1

1 1, 2, 3, 4, 5를 알아볼까요

⊕ 수를 세어 바르게 읽은 것에 ◯표 하세요. [1~5]

1

| 하나 | 둘 | 셋 | 넷 | 다섯 |

2

| 하나 | 둘 | 셋 | 넷 | 다섯 |

3

| 하나 | 둘 | 셋 | 넷 | 다섯 |

4

| 일 | 이 | 삼 | 사 | 오 |

5

| 일 | 이 | 삼 | 사 | 오 |

⊕ 수를 세어 ◯ 안에 알맞은 수를 써넣으세요. [6~10]

6

7

8

9

10

2 6, 7, 8, 9를 알아볼까요

▶ 정답과 풀이 22쪽

⊕ 수를 세어 바르게 읽은 것에 ○표 하세요. [1~4]

1
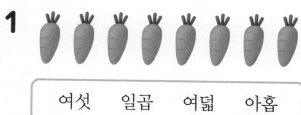

| 여섯 | 일곱 | 여덟 | 아홉 |

2
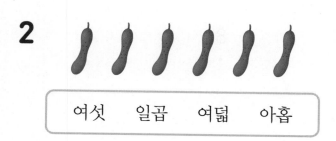

| 여섯 | 일곱 | 여덟 | 아홉 |

3
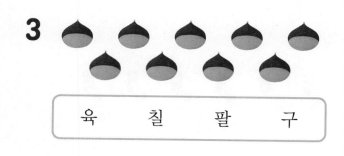

| 육 | 칠 | 팔 | 구 |

4
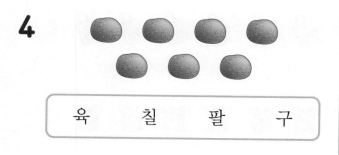

| 육 | 칠 | 팔 | 구 |

⊕ 수를 세어 ○ 안에 알맞은 수를 써넣으세요. [5~8]

5
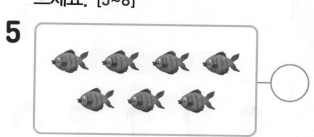

6
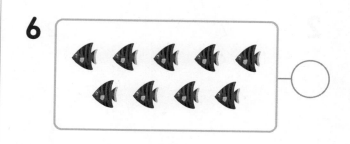

7
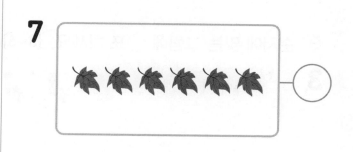

8

3 순서를 알아볼까요

🔍 순서에 알맞게 선으로 이어 보세요. [1~2]

1　　3　　　　　9　　　　　5

첫째

2　　4　　　　　2　　　　　8

첫째

🔍 순서에 맞는 그림에 ○표 하세요. [3~6]

3　왼쪽에서 셋째　

4　오른쪽에서 여섯째　

5　오른쪽에서 넷째

6　왼쪽에서 여덟째

4 수의 순서를 알아볼까요

▶ 정답과 풀이 22쪽

🔍 순서에 알맞게 빈칸에 수를 써넣으세요. [1~3]

1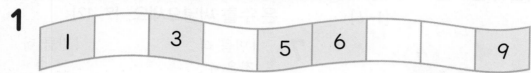

2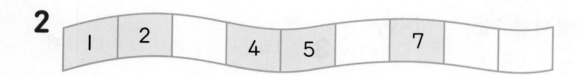

3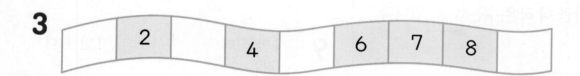

🔍 순서를 거꾸로 하여 빈칸에 수를 써넣으세요. [4~6]

4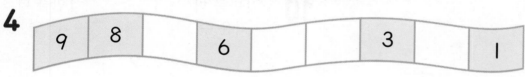

5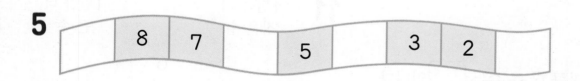

6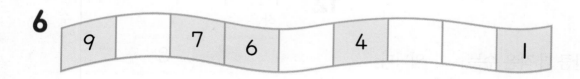

5 1만큼 더 큰 수와 1만큼 더 작은 수를 알아볼까요

안에 알맞은 수를 써넣으세요.

[1~6]

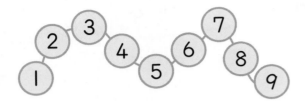

1 7보다 1만큼 더 큰 수는 □입니다.

2 4보다 1만큼 더 작은 수는 □입니다.

3 5보다 1만큼 더 큰 수는 □입니다.

4 9보다 1만큼 더 작은 수는 □입니다.

5 6보다 1만큼 더 큰 수는 □입니다.

6 2보다 1만큼 더 작은 수는 □입니다.

빈칸에 1만큼 더 큰 수와 1만큼 더 작은 수를 써넣으세요. [7~12]

7 1만큼 더 작은 수 / 3 / 1만큼 더 큰 수

8 1만큼 더 작은 수 / 5 / 1만큼 더 큰 수

9 1만큼 더 작은 수 / 7 / 1만큼 더 큰 수
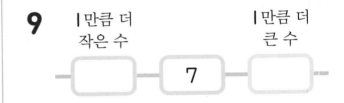

10 1만큼 더 작은 수 / 2 / 1만큼 더 큰 수

11 1만큼 더 작은 수 / 6 / 1만큼 더 큰 수

12 1만큼 더 작은 수 / 8 / 1만큼 더 큰 수

6 0을 알아볼까요

▶ 정답과 풀이 **22**쪽

물건의 수를 세어 □ 안에 알맞은 수를 써넣으세요. [1~4]

1 의 수

2　　　1　　　□

2 의 수

□　　　1　　　2

3 의 수

2　　　□　　　□

4 의 수

□　　　1　　　□

알맞게 선으로 이어 보세요. [5~7]

5

 ·

　 ·

 ·

· 3

· 2

· 1

· 0

6

 ·

 ·

　 ·

· 3

· 2

· 1

· 0

7

 ·

　 ·

 ·

· 3

· 2

· 1

· 0

7 수의 크기를 비교해 볼까요

⊕ 더 큰 수에 ◯표 하세요. [1~8]

1 | 4 | 2 |

2 | 5 | 8 |

3 | 7 | 0 |

4 | 6 | 9 |

5 | 1 | 5 |

6 | 8 | 2 |

7 | 3 | 6 |

8 | 9 | 4 |

⊕ 더 작은 수에 △표 하세요. [9~16]

9 | 3 | 4 |

10 | 6 | 5 |

11 | 8 | 6 |

12 | 7 | 9 |

13 | 4 | 1 |

14 | 2 | 3 |

15 | 7 | 5 |

16 | 9 | 8 |

1 여러 가지 모양을 찾아볼까요

▶ 정답과 풀이 22쪽

왼쪽과 같은 모양의 물건을 찾아 ◯표 하세요. [1~6]

1

2

3

4
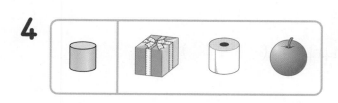

5

6
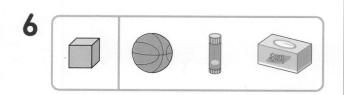

어떤 모양을 모아 놓은 것인지 알맞은 모양을 찾아 ◯표 하세요. [7~11]

7
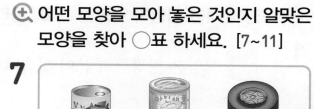

8
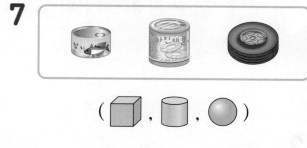

9
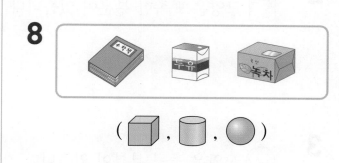

10
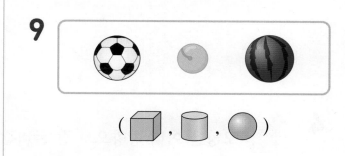

11
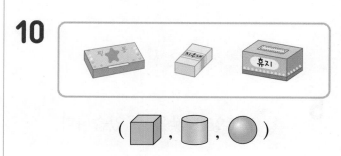

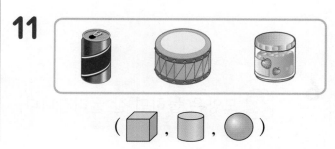

2
여러 가지 모양

2 여러 가지 모양을 알아볼까요

🔍 모양에 대한 설명이 맞으면 ◯표, 틀리면 ✕표 하세요. [1~6]

1 📦 모양은 평평한 부분이 있습니다.   (   )

2 🗄 모양은 뾰족한 부분이 있습니다.   (   )

3 ⚪ 모양은 둥근 부분이 있습니다.   (   )

4 📦 모양은 여러 방향으로 잘 굴러갑니다.   (   )

5 ⚪ 모양은 쌓을 수 있습니다.   (   )

6 🗄 모양은 눕히면 잘 굴러갑니다.   (   )

▶ 정답과 풀이 **23**쪽

③ 여러 가지 모양으로 만들어 볼까요

 모양을 각각 몇 개 사용했는지 세어 보세요. [1~4]

1

🟦 모양	🛢 모양	⚪ 모양

2

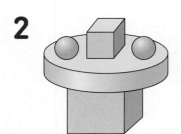

🟦 모양	🛢 모양	⚪ 모양

3

🟦 모양	🛢 모양	⚪ 모양

4

🟦 모양	🛢 모양	⚪ 모양

1 그림을 보고 모으기와 가르기를 해 볼까요

그림을 보고 모으기와 가르기를 해 보세요. [1~8]

1
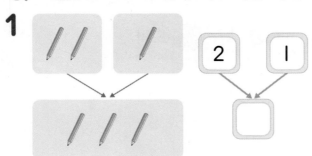

5
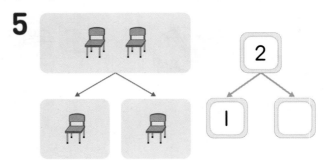

2
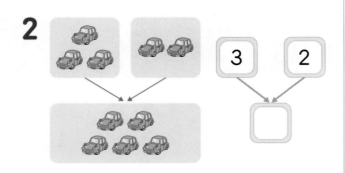

6
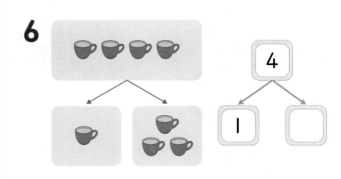

3
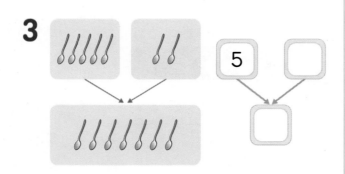

7
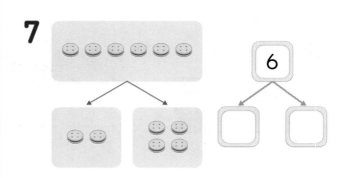

4
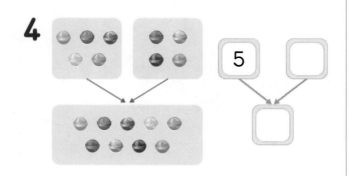

8
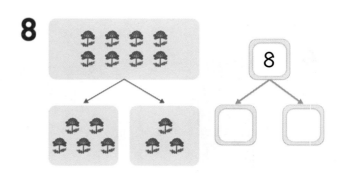

2 9까지의 수의 모으기와 가르기를 해 볼까요

▶ 정답과 풀이 23쪽

3

덧셈과 뺄셈

🔍 모으기와 가르기를 해 보세요. [1~10]

1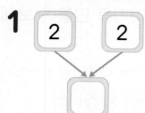

2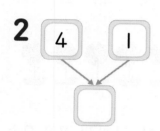

3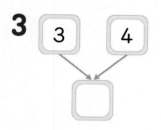

4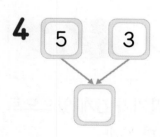

5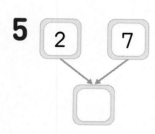

6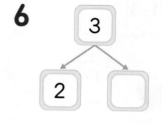

7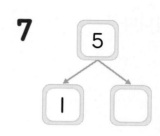

8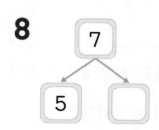

9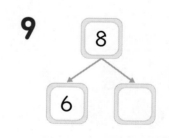

10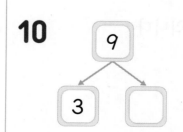

3 이야기를 만들어 볼까요

그림을 보고 덧셈이나 뺄셈 이야기를 만들어 보세요. [1~3]

1

거북 3마리와 토끼 2마리를 모으면

모두 ☐ 마리입니다.

2
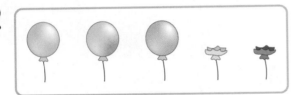

풍선 5개가 있었는데 2개가 터져서

풍선은 ☐ 개가 남습니다.

3

나비 2마리와 벌 5마리를 합하면

모두 ☐ 마리입니다.

그림을 보고 보기의 낱말을 이용하여 덧셈이나 뺄셈 이야기를 만들어 보세요. [4~5]

보기

| 가르면 | 더 많습니다 |
| 모두 | 더 적습니다 |

4

빨간색 꽃은 5송이, 보라색 꽃은 3송

이 있으므로 꽃은 ☐ 8송이

있습니다.

5

복숭아가 2개, 딸기가 6개 있으므로
딸기는 복숭아보다 4개

☐ .

4 덧셈을 알아볼까요

▶ 정답과 풀이 23쪽

그림에 알맞은 덧셈식을 쓰고 읽어 보세요. [1~6]

1

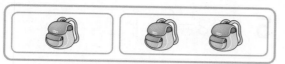

쓰기 1+2=□

읽기 1 더하기 2는 □과
같습니다.

2

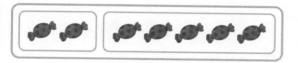

쓰기 2+5=□

읽기 2 더하기 □는 □과
같습니다.

3

쓰기 6+3=□

읽기 6 더하기 □은 □와
같습니다.

4

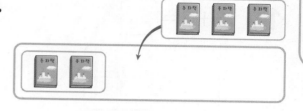

쓰기 2+3=□

읽기 2와 3의 합은 □입니다.

5

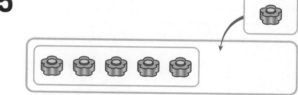

쓰기 5+1=□

읽기 5와 □의 합은 □입니다.

6

쓰기 6+2=□

읽기 6과 □의 합은 □입니다.

5 덧셈을 해 볼까요

🔍 ○를 그려 덧셈을 해 보세요. [1~2]

1   2+2=☐

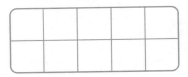

2   1+7=☐

🔍 모으기를 이용하여 덧셈을 해 보세요.
[3~4]

3

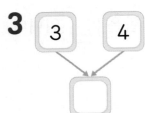

3+4=☐

4

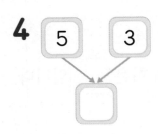

5+3=☐

🔍 덧셈을 해 보세요. [5~10]

5   3+3=☐

6   8+1=☐

7   2+5=☐

8   6+2=☐

9   4+4=☐

10   7+2=☐

▶ 정답과 풀이 23쪽

6 뺄셈을 알아볼까요

➕ 그림에 알맞은 뺄셈식을 쓰고 읽어 보세요. [1~6]

1

쓰기 5 − 2 = ☐

읽기 5 빼기 2는 ☐ 과
같습니다.

2

쓰기 6 − 1 = ☐

읽기 6 빼기 ☐ 은 ☐ 와
같습니다.

3

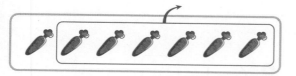

쓰기 7 − 6 = ☐

읽기 7 빼기 ☐ 은 ☐ 과
같습니다.

4

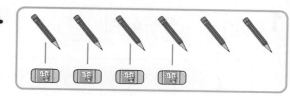

쓰기 6 − 4 = ☐

읽기 6과 4의 차는 ☐ 입니다.

5

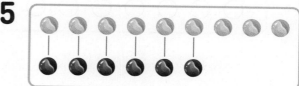

쓰기 9 − 6 = ☐

읽기 9와 ☐ 의 차는 ☐ 입니다.

6

쓰기 8 − 2 = ☐

읽기 8과 ☐ 의 차는 ☐ 입니다.

7 뺄셈을 해 볼까요

🔍 /으로 지워 뺄셈을 해 보세요. [1~2]

1 5−4=☐

2 7−2=☐

🔍 하나씩 연결하여 뺄셈을 해 보세요. [3~4]

3 6−2=☐

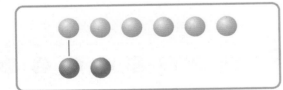

4 8−3=☐

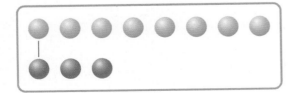

🔍 가르기를 이용하여 뺄셈을 해 보세요. [5~6]

5

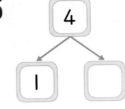

4−1=☐

6

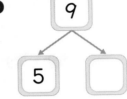

9−5=☐

🔍 뺄셈을 해 보세요. [7~10]

7 5−3=☐

8 6−1=☐

9 8−5=☐

10 9−8=☐

8 # 0이 있는 덧셈과 뺄셈을 해 볼까요

▶ 정답과 풀이 23쪽

3

덧셈과 뺄셈

덧셈을 해 보세요. [1~6]

1 $2+0=\boxed{}$

2 $0+3=\boxed{}$

3 $0+6=\boxed{}$

4 $5+0=\boxed{}$

5 $1+0=\boxed{}$

6 $0+9=\boxed{}$

뺄셈을 해 보세요. [7~12]

7 $3-0=\boxed{}$

8 $1-1=\boxed{}$

9 $1-0=\boxed{}$

10 $5-5=\boxed{}$

11 $7-0=\boxed{}$

12 $8-8=\boxed{}$

1 어느 것이 더 길까요

🔍 더 긴 것에 ◯표 하세요. [1~5]

1 (   )
(   )

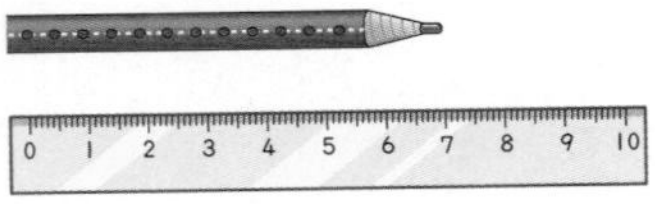

2 (   )
(   )

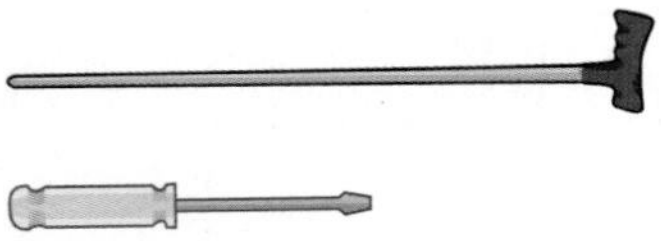

3 (   )
(   )

4 (   )
(   )

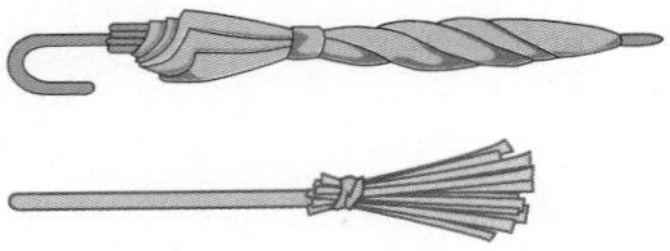

5 (   ) (   )

🔍 더 짧은 것에 △표 하세요. [6~10]

6 (   )
(   )

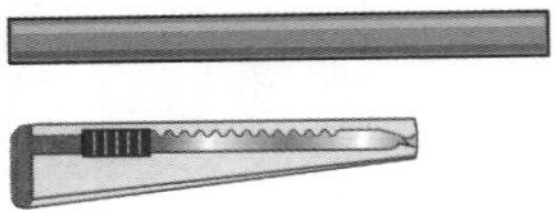

7 (   )
(   )

8 (   )
(   )

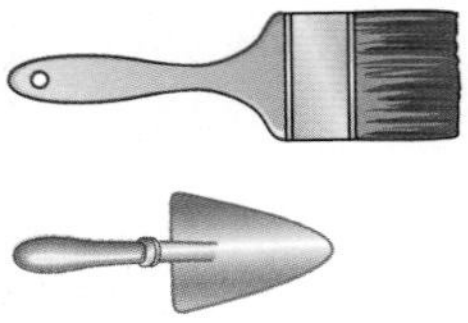

9 (   )
(   )

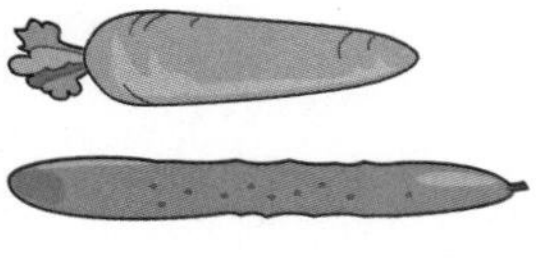

10 (   ) (   )

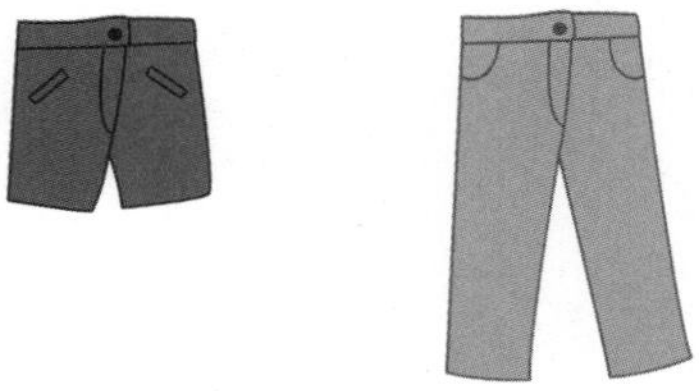

2 어느 것이 더 무거울까요

▶ 정답과 풀이 23쪽

⊕ 더 무거운 것에 ◯표 하세요. [1~5]

1

(   ) (   )

2

(   ) (   )

3

(   ) (   )

4

(   ) (   )

5

(   ) (   )

⊕ 더 가벼운 것에 △표 하세요. [6~10]

6

(   ) (   )

7

(   ) (   )

8

(   ) (   )

9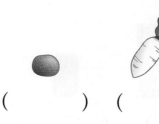

(   ) (   )

10

(   ) (   )

3 어느 것이 더 넓을까요

🔍 더 넓은 것에 ◯표 하세요. [1~5]

🔍 더 좁은 것에 △표 하세요. [6~10]

1

( ) ( )

6

( ) ( )

2

( ) ( )

7

( ) ( )

3

( ) ( )

8

( ) ( )

4

( ) ( )

9

( ) ( )

5

( ) ( )

10

( ) ( )

▶ 정답과 풀이 **24쪽**

4 어느 것에 더 많이 담을 수 있을까요

🔍 담을 수 있는 양이 더 많은 것에 ◯표 하세요. [1~5]

1

(   ) (   )

2

(   ) (   )

3

(   ) (   )

4

(   ) (   )

5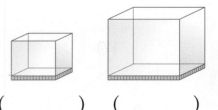

(   ) (   )

🔍 담을 수 있는 양이 더 적은 것에 △표 하세요. [6~10]

6

(   ) (   )

7

(   ) (   )

8

(   ) (   )

9

(   ) (   )

10

(   ) (   )

1 10을 알아볼까요

🔍 10을 모두 찾아 ○표 하세요. [1~2]

1

 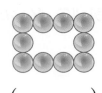 

(   )   (   )   (   )

2

(   )   (   )   (   )

🔍 그림을 보고 모으기와 가르기를 해 보세요. [3~6]

3

 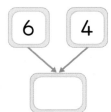

4

 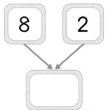

5

 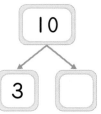

6

 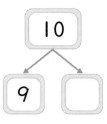

2 십몇을 알아볼까요

▶ 정답과 풀이 **24**쪽

🔍 ☐ 안에 알맞은 수를 써넣으세요.
[1~6]

1 10개씩 묶음 1개와 낱개 4개는

☐ 입니다.

2 10개씩 묶음 1개와 낱개 9개는

☐ 입니다.

3 10개씩 묶음 1개와 낱개 6개는

☐ 입니다.

4 10개씩 묶음 1개와 낱개 3개는

☐ 입니다.

5 10개씩 묶음 1개와 낱개 2개는

☐ 입니다.

6 10개씩 묶음 1개와 낱개 8개는

☐ 입니다.

🔍 수를 세어 쓰고, 그 수를 바르게 읽은 것에 ◯표 하세요. [7~10]

7

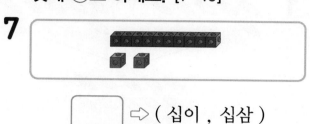

☐ ⇨ (십이 , 십삼)

8

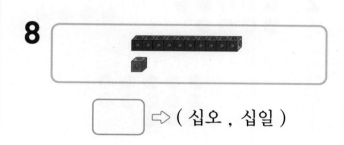

☐ ⇨ (십오 , 십일)

9

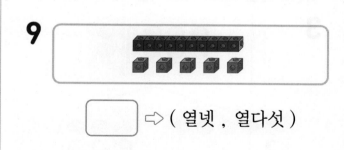

☐ ⇨ (열넷 , 열다섯)

10

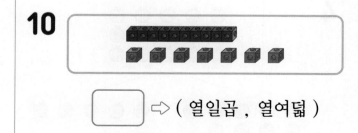

☐ ⇨ (열일곱 , 열여덟)

3 모으기와 가르기를 해 볼까요

🔍 그림을 보고 모으기를 해 보세요. [1~2]

1

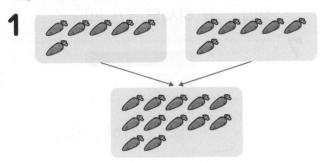

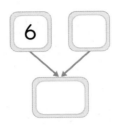

2

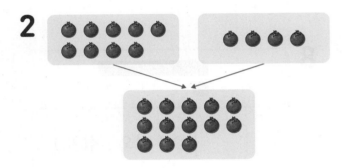

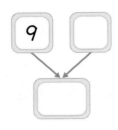

🔍 그림을 보고 가르기를 해 보세요. [3~4]

3

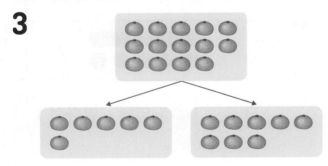

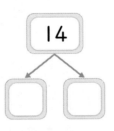

4

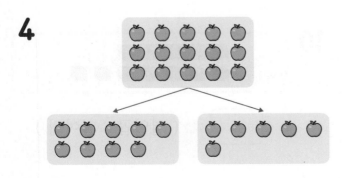

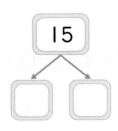

▶ 정답과 풀이 24쪽

4 10개씩 묶어 세어 볼까요

🔍 ☐ 안에 알맞은 수를 써넣으세요. [1~6]

1 10개씩 묶음 3개는 ☐ 입니다.

2 10개씩 묶음 2개는 ☐ 입니다.

3 10개씩 묶음 5개는 ☐ 입니다.

4 10개씩 묶음 4개는 ☐ 입니다.

5 50은 10개씩 묶음 ☐ 개입니다.

6 20은 10개씩 묶음 ☐ 개입니다.

🔍 수를 세어 쓰고, 그 수를 바르게 읽은 것에 ◯표 하세요. [7~10]

7
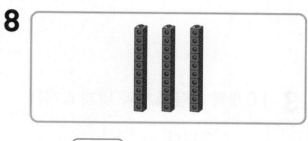
☐ ⇨ (이십 , 사십)

8
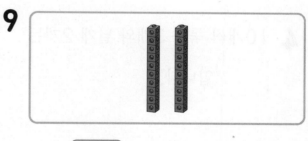
☐ ⇨ (삼십 , 오십)

9
☐ ⇨ (스물 , 서른)

10
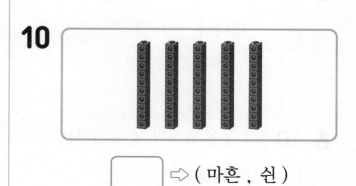
☐ ⇨ (마흔 , 쉰)

5 50까지의 수를 세어 볼까요

⊕ ☐ 안에 알맞은 수를 써넣으세요. [1~6]

1 10개씩 묶음 3개와 낱개 7개는 ☐ 입니다.

2 10개씩 묶음 2개와 낱개 9개는 ☐ 입니다.

3 10개씩 묶음 4개와 낱개 4개는 ☐ 입니다.

4 10개씩 묶음 3개와 낱개 2개는 ☐ 입니다.

5 10개씩 묶음 2개와 낱개 8개는 ☐ 입니다.

6 10개씩 묶음 4개와 낱개 5개는 ☐ 입니다.

⊕ 수를 세어 쓰고, 그 수를 바르게 읽은 것에 ◯표 하세요. [7~10]

7
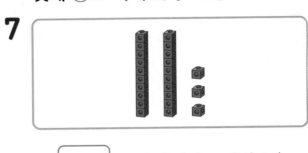
☐ ⇨ (이십삼 , 이십오)

8
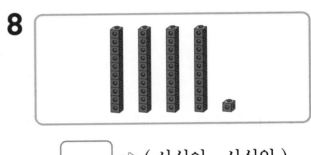
☐ ⇨ (사십이 , 사십일)

9
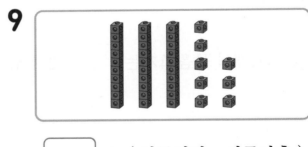
☐ ⇨ (서른여덟 , 서른아홉)

10
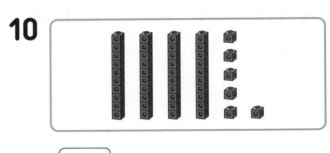
☐ ⇨ (마흔다섯 , 마흔여섯)

▶ 정답과 풀이 **24**쪽

6 **50까지 수의 순서를 알아볼까요**

🔍 빈칸에 알맞은 수를 써넣으세요. [1~12]

1 | 10 | 11 | | 13 | |

7 | 24 | | 26 | | 28 |

2 | 15 | 16 | | 18 | |

8 | 42 | | 44 | | 46 |

3 | 33 | 34 | | 36 | |

9 | 13 | 14 | | | 17 |

4 | 28 | 29 | 30 | | |

10 | 31 | 32 | | | 35 |

5 | 19 | 20 | 21 | | |

11 | 40 | | 42 | 43 | |

6 | 37 | 38 | 39 | | |

12 | 46 | | 48 | 49 | |

▶ 정답과 풀이 24쪽

7 수의 크기를 비교해 볼까요

⊕ 더 큰 수에 ◯표 하세요. [1~3]

1 | 23 | 19 |

2 | 35 | 38 |

3 | 43 | 46 |

⊕ 더 작은 수에 △표 하세요. [4~6]

4 | 36 | 42 |

5 | 49 | 40 |

6 | 41 | 23 |

⊕ 가장 큰 수를 찾아 ◯표 하세요. [7~9]

7 | 13 | 21 | 34 |

8 | 43 | 37 | 42 |

9 | 21 | 24 | 20 |

⊕ 가장 작은 수를 찾아 △표 하세요.
[10~12]

10 | 26 | 40 | 35 |

11 | 17 | 18 | 33 |

12 | 36 | 32 | 39 |

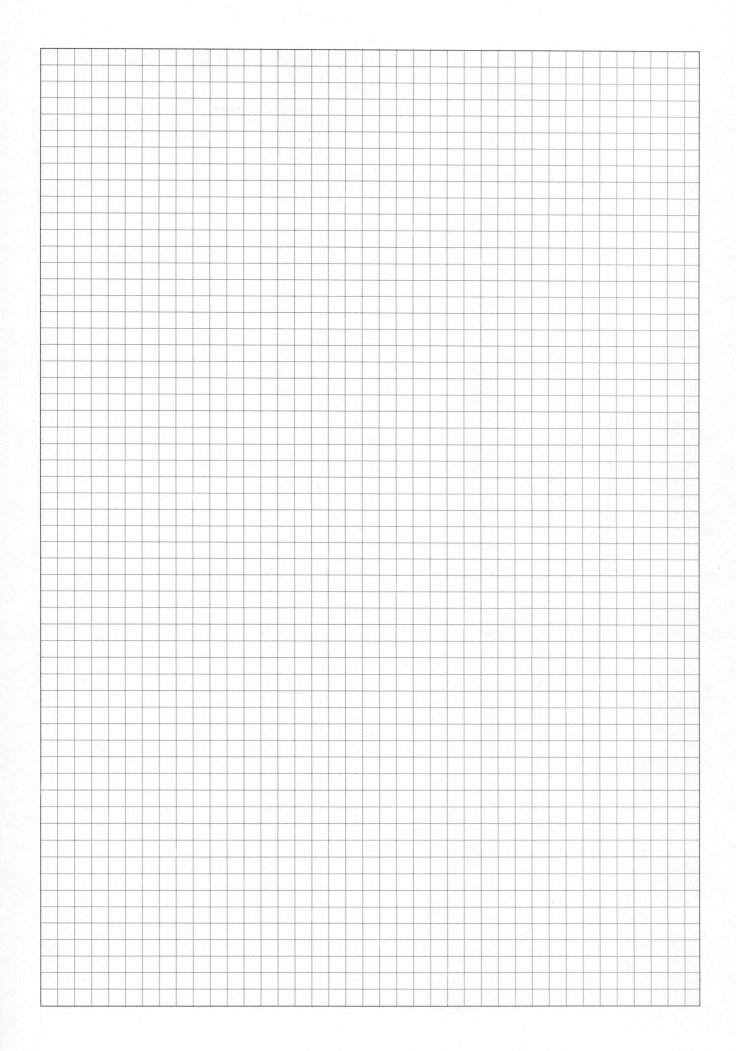

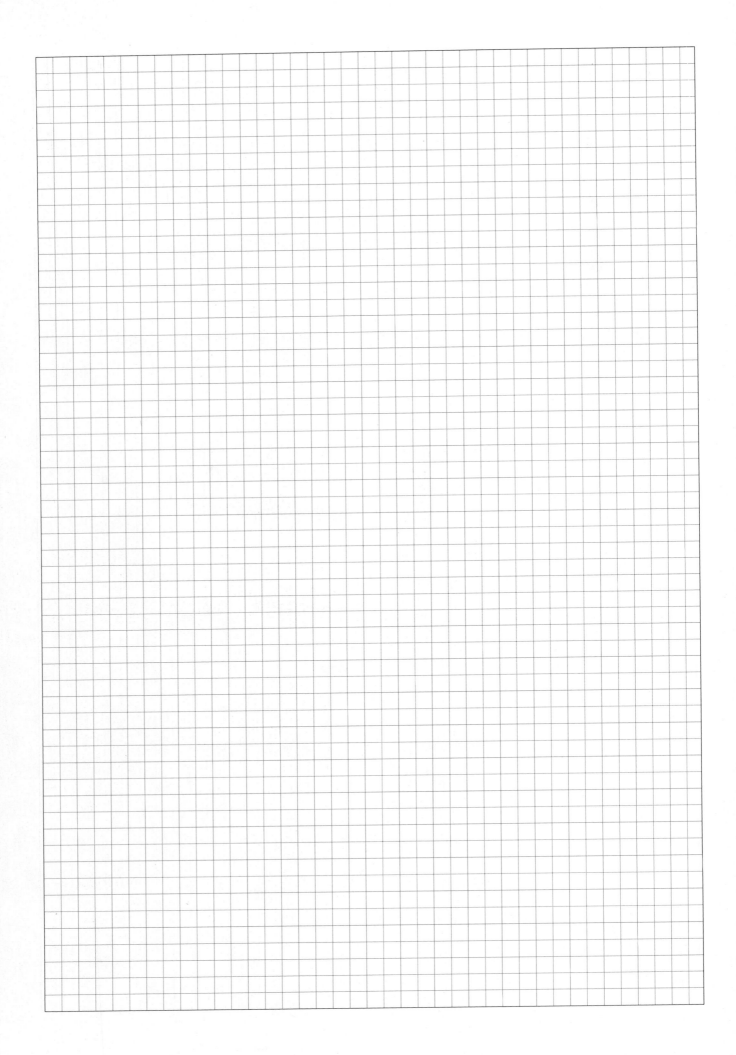

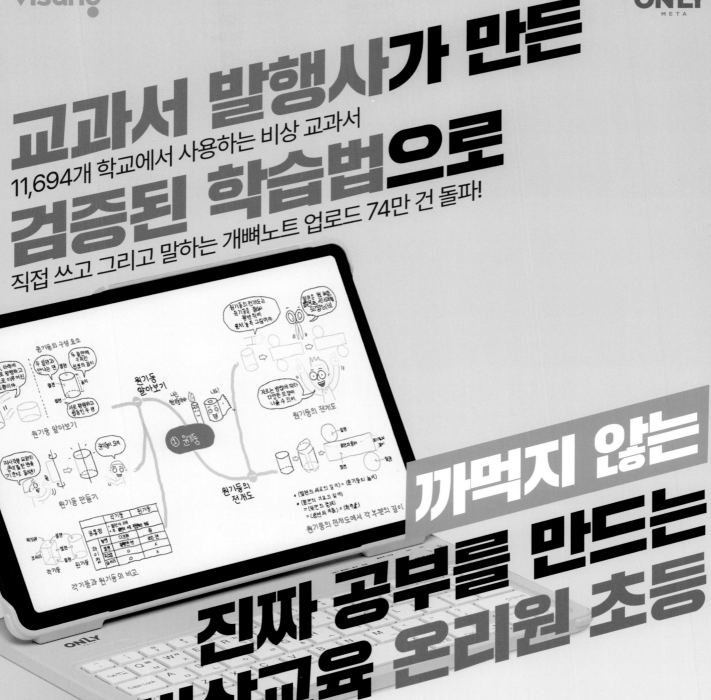

교과서
개념
잡기

교과서 내용을 쉽고 빠르게 학습하여 개념을 꽉! 잡아줍니다.

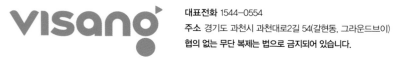

대표전화 1544-0554
주소 경기도 과천시 과천대로2길 54(갈현동, 그라운드브이)
협의 없는 무단 복제는 법으로 금지되어 있습니다.